ニシアフリカトカゲモドキ大全

生き物系 YouTuber
RAF ちゃんねる
有馬 監修

飼育・繁殖の基本から多彩なモルフまでよくわかる

メイツ出版

Introduction

【はじめに】

お疲れ様です。RAFちゃんねるの有馬です。

今回で3冊目の監修となりますが、当初からの希望であった「ニシアフリカトカゲモドキの本を作りたい」という念願のテーマで書籍を制作できましたこと、大変嬉しく思っております。

1冊目の『爬虫類と両生類の暮らしを再現 ビバリウム 生息環境・品種別のつくり方と魅せるポイント』は、国内のみならず台湾やシンガポールなど海外でもご好評をいただき、2冊目の『飼いたい種類が見つかる 爬虫類・両生類図鑑 人気種から希少種まで厳選120種』も重版となり、大変励みになっております。
各書籍をお手に取っていただいた皆様に、心より感謝申し上げます。

さて、今回の『ニシアフリカトカゲモドキ大全 飼育・繁殖の基本から多彩なモルフまでよくわかる』ですが、この書籍では、ニシアフリカトカゲモドキの飼育から繁殖に至るまでを、できるだけ分かりやすく、網羅的に解説することを目指しました。

限られたページ数の中で、多くの写真を通じてモルフの違いを実感していただきたいとの思いから、テキストの内容は重要なポイントに絞り、明確に記載いたしました。その分、写真を多く掲載できるよう努めました。

本当は、さらに余談などを交えて、より深みのある内容にしたいという気持ちもございましたが、「ニシアフリカトカゲモドキの飼育〜繁殖に関するすべてを分かる本にする」「できるだけ多くのモルフを紹介する」という二つの最優先事項を掲げて制作を進めました。

また、モルフの紹介にあたって避けて通れないのが「遺伝の仕組み」です。
学術的に詳しく説明することも可能ですが、それでは難解に感じる方も多いかと考え、あえて分かりやすく、噛み砕いた形で、感覚的に理解できるように説明しております。
モルフの紹介に関しては、今後も新しいモルフが続々と登場し、既存の定義が変わることも予想されます。

現段階で明確に分かっていないモルフもあり、どのように説明すべきか非常に悩みましたが、中途半端にごまかすことなく、現時点で説明可能な限りの情報を記載させていただきました。

　そして、本書の制作にあたり、世界のトップランカーである『COCKTAIL SHOP』様のご協力をいただき、2024年9月時点では国内でまだ流通していないモルフも紹介しています。

　さらに、国内ショップ様や国内ブリーダー様のお力をお借りし、可能な限り新鮮で信頼性の高い情報とモルフを紹介することができました。

　また、今回も前作同様、特別企画があり、今回は『COCKTAIL SHOP』様のクォン・チュルウン代表とのQ＆A形式の対談を本書の最後に掲載しております。
　『COCKTAIL SHOP』様のファームも併せて紹介しておりますので、ぜひ世界トップクラスのニシアフリカトカゲモドキのファームをご覧ください。

　今回も全力を尽くして取り組ませていただきました。
　本書が一人でも多くのニシアフリカトカゲモドキファンの皆様、そしてこれから飼育を始めたいと考えている方々のお役に立てることを心から願っております。

　ニシアフリカトカゲモドキは、爬虫類の中でも特に愛らしい生き物です。
　一人でも多くのニシアフファンが増えることを願っております。

RAFちゃんねる 有馬

ニシアフリカトカゲモドキ大全
飼育・繁殖の基本から多彩なモルフまでよくわかる

目次

Introduction【はじめに】 ………………………………… 2
本書の見方 ………………………………………………… 8

第1章 ニシアフの基本

01 **基本データと魅力** ……………………………… 10
基本データ／魅力

02 **野生のニシアフの生息地** ……………………… 12
生息域／生息環境

03 **ニシアフの特徴** ………………………………… 14
ヤモリとトカゲの共通点／ヤモリとトカゲの違い／ニシアフの特徴

04 **レオパとの違い** ………………………………… 16
レオパの基礎知識／ニシアフとレオパの違い

05 **オスとメスの違い** ……………………………… 18
オスとメスの見分け方

第2章 入手方法と持ち帰り方

01 **入手できる場所** ………………………………… 20
爬虫類ショップでの購入／爬虫類イベントでの購入

02 **個体選びのポイント** …………………………… 22
①体型／②指／③顔（目や口の周り）／④サイズ／⑤年齢／⑥食欲

03 **入手時の確認事項** ……………………………… 26
①爬虫類ショップでの飼育環境／②与えていた餌の情報

04 **持ち帰りの準備と注意点** ……………………… 28
夏の移動／冬の移動

Q&A【ニシアフの豆知識】 ……………………… 30

第3章 飼育方法

01 **飼育環境** …………………………………… 32
ニシアフの飼育環境の例／①ケージ／②床材／③シェルター／
④パネルヒーター／⑤温度&湿度計／⑥水入れ／⑦ピンセット

02 **日頃のケア** ………………………………… 38
排泄物の処理／水の交換／湿度のケア

03 **ニシアフの餌** ……………………………… 40
コオロギの種類／生きたコオロギの管理環境／人工飼料

04 **餌の与え方** ………………………………… 42
サプリメント／ピンセットでの餌の与え方／
ピンセット以外の餌の与え方／餌の与え方の注意点

05 **ハンドリング** ……………………………… 45
ハンドリングの注意点

06 **健康チェック** ……………………………… 46
適切な飼育の三つのポイント／健康上のトラブル①　脱皮不全／
健康上のトラブル②　食欲不振／健康上のトラブル③　下痢／
健康上のトラブル④　クル病

第4章 繁殖の基本

01 **繁殖可能な個体** ……………………………… 52
　繁殖の魅力／繁殖可能な個体／繁殖に関係する要素

02 **繁殖に必要なアイテム** ………………………… 54
　①産卵の準備のためのアイテム／②ペアリングのためのアイテム／
　③産卵のためのアイテム／④卵を管理するためのアイテム
　⑤ベビーを管理するためのアイテム

03 **クーリング** …………………………………… 56
　クーリングの流れ

04 **ペアリング** …………………………………… 58
　ペアリング時のニシアフの動き／成功率を高めるための工夫

05 **産卵までの管理** ……………………………… 60
　①産卵床の準備／②メスのよいコンディションの維持

06 **卵の管理** ……………………………………… 62
　卵を入れる容器／卵の温度の管理／孵化までの期間

07 **母親とベビーの管理** ………………………… 64
　産卵後のメスの管理／ベビーの管理／ベビーへの餌の与え方

CONTENTS

第5章 遺伝と様々なモルフ

01 遺伝とモルフ ……………………………………68
ニシアフの繁殖で知っておきたい遺伝形式

02 遺伝の具体例 ……………………………………70
遺伝形式別のモルフの一覧／
遺伝の具体例① 劣性遺伝×劣性遺伝／
遺伝の具体例② 共優性遺伝×劣性遺伝

03 繁殖に臨む成体のNG例 …………………73
NG例の対策

04 シングルモルフ …………………………………74
図鑑ページの見方／ニシアフの見た目やモルフ、遺伝に関する用語

- ノーマル …………………………………………76
- アベラント ………………………………………78
- グラナイト（グラニット） ………………………80
- アメル（アメラニスティックアルビノ） …………82
- キャラメル（キャラメルアルビノ） ………………84
- ホワイトアウト（WO） …………………………86
- オレオ ……………………………………………90
- パターンレス ……………………………………92
- ズールー …………………………………………94
- ゴースト …………………………………………96
- ゼロ ………………………………………………98
- スティンガー ……………………………………100
- 5band（ファイブバンド） ………………………102

05 コンボモルフ ……………………………………104
コンボモルフの呼び名

特別企画 COCKTAIL SHOP×RAF ちゃんねる ……………124

本書の見方

How to read this book

　本書はニシアフリカトカゲモドキの入手から繁殖まで、自宅でニシアフリカトカゲモドキの飼育を楽しむためのすべての要素を、写真とともにわかりやすく解説しています。また、第5章ではニシアフリカトカゲモドキの大きな魅力である、さまざまな色や模様の個体を豊富に掲載しています。

注意事項
- ニシアフリカトカゲモドキは「ニシアフ」の愛称で親しまれています。本書の多くはその「ニシアフ」で表記しています。
- 本書で紹介している情報は2024年9月時点のものです。特にモルフの考え方などは時代によって変化することがあります。

掲載内容　各ページは下のような要素で構成されています。また、図鑑ページ（76ページ〜）については、74ページの「図鑑ページの見方」をご参照ください。

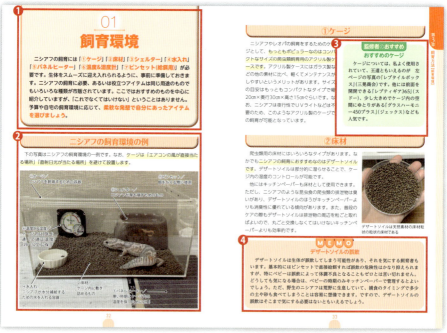

❶テーマとポイント
そのページで紹介している内容のテーマと押さえておきたい概要です。特にポイントとなる内容は色文字で示しています

❷項目と説明
各テーマは項目ごとにまとめて紹介しています。特に重要な内容は網掛けで記しています

❸監修者のおすすめ
ニシアフの飼育に絶対的な正解はなく、飼育環境や飼育者の状況によって臨機応変に対応する必要があります。ここでは、その参考となるように監修者のおすすめを紹介しています

❹MEMO
そこで紹介している内容に関係する、知っておきたいニシアフの豆知識です

第1章

ニシアフの基本

01 基本データと魅力

　本章ではより深く「ニシアフ(ニシアフリカトカゲモドキ)」を知るために、野生の生体の生息地の情報や生物としての特徴など、ニシアフの基本情報を紹介します。そもそも、**ニシアフは「トカゲ」ではなく、国内に広く分布している「ニホンヤモリ」と同じ「ヤモリ」の仲間です。**しかし、見た目は瞼(まぶた)があるなど、一般的なヤモリとは異なります。能力についても、ヤモリなのにツルツルした壁を登ることはできません。かわいらしい顔におっとりとした性格など、たくさんの魅力があり、最近では特に人気の高い爬虫類の一種になっています。

基本データ

分類や体長などのニシアフの基本データは下の表のとおりです。

「ニシアフリカトカゲモドキ」はその種名を省略した「ニシアフ」という愛称で親しまれている

ニシアフの基本データ

和　名	ニシアフリカトカゲモドキ				
英　名	Fat tail gecko (ファットテールゲッコー)				
学　名	Hemitheconyx caudicinctus				
分　類	爬虫類 有鱗目 ヤモリ科 トカゲモドキ亜科 フトオトカゲモドキ属				
体　長	20〜25cm	体　重	50〜80g	寿　命	10〜15年
適正飼育温度	28〜32℃	生息場	地上棲(水中や樹上ではなく主として地面付近で生活する)		
活動時間帯	夜行性	食　性	肉食(メインは昆虫で「昆虫食」ともいわれる)		

魅　力

基本データを知ったところで、あらためてニシアフの魅力も確認しましょう。

◻️見た目がかわいい

黒い大きな目をしていて、口は笑っているように見えます。また、尾は柔らかくて触感がよく、体型もふっくらしています。ひと言でまとめると「かわいい爬虫類」です。

◻️性格が温厚である

爬虫類の中ではダントツのおっとりした性格で、ハンドリング（45ページ）をすると、無防備にされるがままの個体が多いという特徴があります。

◻️飼育をしやすい

ニシアフはとても飼育しやすい爬虫類です。その理由には、飼育者が多いことから「飼育情報を入手しやすい」「通販を含めて、餌や飼育用品が容易に手に入る」などが挙げられます。また、「限られたスペースで無理なく誰でも飼育が可能」「種として非常に丈夫」なども飼育のしやすさにつながるポイントです。

◻️繁殖を楽しめる

これは他のたくさんのモルフ（68ページ）が存在する爬虫類にも共通していますが、ニシアフには、いろいろな色や模様の個体がいます。より自分の好みのモルフを目指して、自宅でも繁殖にチャレンジすることができます。

◻️入手をしやすい

爬虫類なのでインターネットを利用した購入はできませんが（法律で禁止されている）、現在は多くの爬虫類ショップでニシアフを取り扱っています。

第1章　ニシアフの基本【基本データと魅力】

02
野生のニシアフの生息地

　生き物を育てるには、その生き物が自然環境下（野生の状態）では、どのようなところに生息しているのかを知ることが重要です。**飼育環境を、できるだけ、その生き物が生息している自然環境に近づけることが、生き物がより健康に暮らすことにつながります。**

　もちろん、それはニシアフにも当てはまります。

　ニシアフはアフリカ大陸の西側に生息していて、その地域の気候はサバナ気候です。日本の冬のように寒い時期がないので、寒さに注意が必要です。その一方で暑すぎるのもよくありません。

生息域

　ニシアフリカトカゲモドキという種名が示すように、野生のニシアフはアフリカ大陸の西側に分布しています。国でいうと西のセネガルから東のカメルーンまでの広範囲で、その内陸部寄りに生息しています。

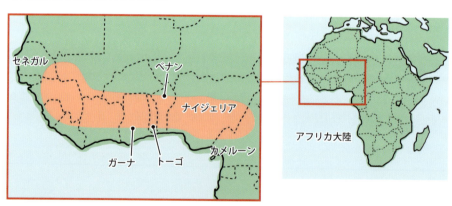

MEMO
販売個体の出身地

　国内で流通している野生個体の輸入元は主にトーゴ、ガーナ、ナイジェリア、ベナンです。このうちトーゴとガーナはナイジェリアとベナンよりも数が多めです。最近は野生個体の輸入量は減少傾向にあり、国内外でブリーディングされた個体（CB個体）が流通することが増えています。

生息環境

野生のニシアフが分布している地域の気候は「サバナ気候」です。日本と違い、年間を通しての温度の変化は大きくありません。

【サバナ気候の特徴】
- 年間を通して温度差は日本ほど大きくはなく、雨季と乾季がはっきりしている
- 植生は疎林や草原がメインで乾季には葉が枯れる
- 土壌の主成分は鉄やアルミニウムの水酸化物で、「ラトソル(日本では紅土)」と呼ばれる。イメージとしてはレンガのような赤味を帯びた色の土

ニシアフの生育環境のイメージイラスト。ニシアフは「西アフリカの草地・荒地・岩場」に棲む

◆適正の温度

分布域の温度と降水量を例としてガーナの北部で確認すると、温度は1年を通してだいたい20～35℃です。したがって、ニシアフが生存可能なのもその温度帯ということになります。ただし、これは飼育環境下においても、その温度帯で問題ないというわけではなく、自然環境下では温度が高ければ穴の中や岩場の影など涼しい場所を見つけて暑さを逃れています。そのため、飼育環境下では、適正な温度は28～32℃となります。

ケージ内の温度は28～32℃で管理する

分布域の気温の一例(ガーナ北部の場合)

	時期(月)	平均最高気温	平均最低気温
特に暑い時期	2～4月(3カ月)	35℃前後	25℃前後
特に涼しい時期	6～9月(4カ月)	30℃前後	20℃前後

MEMO 生息域の降水量

ニシアフの自然環境下での降水量については雨季と乾季が明確にわかれています。乾季のことを考えると、ニシアフは比較的、過酷な環境で生き抜いているということになります。

分布域の降水量の一例(ガーナ北部の場合)

	時期(月)	平均降水量
乾季	11～3月	10～15mm
雨季	4～10月	150～200mm

03
ニシアフの特徴

　ニシアフはヤモリですが、外見はトカゲに似ています。ヤモリ科とトカゲ科は大きな括りでは爬虫類に分類されていて、ニシアフとトカゲには共通点も多くあります。では、ヤモリとトカゲで何が違うかというと、わかりやすいのが瞼（まぶた）の有無です。一般的にはヤモリは瞼がなく、トカゲは瞼があります。ただし、**ニシアフには瞼があり、他にもトカゲのような特徴を有しているので、ニシアフは種名が「トカゲモドキ」となっています**。ここではニシアフの理解を深めるために、他の種と比較しつつ、ニシアフの特徴を紹介します。

ヤモリとトカゲの共通点

　そもそも爬虫類とは一般的に「変温動物である」「体の表面が鱗（うろこ）あるいは甲羅で覆われている」「殻に包まれた卵を産む（※例外で卵胎生の爬虫類もいる）」「肺呼吸である」などの特徴があります。その中でヤモリとトカゲは「四肢を使って移動する」「尾を有している」などの特徴が共通していて、外見もよく似ています。

ヤモリ
写真はヤモリ科の「クレステッドゲッコー」

ヤモリとトカゲは外見がよく似ている

トカゲ
写真はトカゲ科の「キタアオジタトカゲ」

14

ヤモリとトカゲの違い

　ヤモリとトカゲは外見が似た種ですが、瞼に違いがあります。一般的にはヤモリには瞼がなく、トカゲには瞼があります。

ヤモリ
写真はヤモリ科の「クレステッドゲッコー」

一般的にヤモリは瞼がなく、目を開けたまま寝る

トカゲ
写真はトカゲ科の「アオキノボリアリゲータートカゲ」

◆ヒダのある指裏

　地表性のヤモリを除く一般的な特徴として、ヤモリの仲間は指裏にヒダがあり、垂直なツルツルの壁を登ることができる種が多く存在します。

写真はヤモリ科の「クレステッドゲッコー」

ニシアフの特徴

　ニシアフはヤモリ科に属していながら、他のヤモリ科の種にはあまり見られない特徴があります。
　代表的なのが瞼で、ニシアフには瞼があります。

ニシアフは瞼があり、目を閉じることができる

◆太い尾

　ニシアフは尾に栄養を蓄えることができ、蓄えた分だけ尾は太くなります。これは一部を除くと、他のヤモリにはあまり見られない特徴です。

MEMO
尾の太さと自切

　ニシアフの尾の太り具合は個体差があります。必ずしも太いほうがよいというわけではなく、あまりに太い尾は、いわゆる肥満と同じと考えられます。「適度な太り具合」を目指して管理しましょう。また、ニシアフは自切（じせつ）といって自分で尾を切る（切れてしまう）ことがあります。自切すると再び生えてきますが（これを「再生尾」という）、完全には元のようにはならず、丸みを帯びた形になります。

04 レオパとの違い

レオパはニシアフと同様に人気が高い爬虫類です。

レオパはニシアフに似た姿をしていて、同じような環境で飼育できることなどから、この2種は比較されることが少なくありません。ただ、細かいところを確認すると、違いがあることに気が付きます。

見た目の違いを簡潔に表現するなら、**レオパは「かっこいい」、ニシアフは「かわいい」**です。また、性格も違っていて、**ニシアフのほうがおとなしい個体が多い**傾向があります。ニシアフはレオパとは違う魅力がある爬虫類です。

レオパの基礎知識

レオパは愛称で、英名の「Leopard Gecko（レオパードゲッコー）」に由来します。和名は「ヒョウモントカゲモドキ」といいます。

レオパはニシアフと同じヤモリ科トカゲモドキ亜科に分類される種で、見た目や特徴がよく似ています。いちばんの違いは自然環境下での分布しているエリアで、ニシアフはアフリカ大陸の西側に分布しているのに対して、レオパはイラン東部、アフガニスタン東部、パキスタン、インド北西部などのアジアに分布しています。

こちらはレオパ。ニシアフとよく比較される

MEMO
先駆者はレオパ

一般家庭で飼育できる爬虫類として、とても人気が高いニシアフとレオパですが、レオパのほうが早く人気に火がつきました（1980年代から国内に流通するようになりました）。2024年現在も飼育数やモルフ数はレオパのほうが多いとされています。

ニシアフとレオパの違い

　個体差があるものの、外見の違いについてはニシアフはレオパよりも、少しずんぐりとしていて、四肢が短い傾向があります。また、性格はレオパよりも大人しく、ハンドリングをしやすい個体が多いとされています。

ニシアフ
全体的にずんぐりとしていて手足は短め
レオパに比べて体表の突起は滑らかで、表皮の質感は柔らかめ

レオパ
全体的にスマートな体型で手足は長め
どちらもハンドリング可能だが、「されるがまま」のニシアフよりも活発に動く傾向がある

MEMO
性格や最適温度が異なる

　飼育するとよくわかりますが、ニシアフはレオパに比べるとシェルターからほとんど出てきません。これは種の性格なので、シェルターからほとんど出てこないからといって心配する必要はありません。
　またケージ内の温度も違いがあり、ニシアフはレオパよりも少し高めに管理すると調子が良い傾向にあります。レオパが28℃ぐらいに対してニシアフは30℃あたりがベストな温度のようです。とはいえ、だいたいの最適温度の幅は同じなのでそこまで細かく管理する必要はありません。調子が悪い時に「意識的にこの温度を目指してみる」という一つの引き出しとして考えるとよいでしょう。

05 オスとメスの違い

ここではニシアフのオスとメスの違いと見分け方を紹介します。

体の大きさについては、一般的にメスよりもオスのほうがサイズがひとまわり大きく、体つきはメスよりもオスのほうががっしりとしている傾向があります。イメージとしては私たち人間の男性と女性の体の違いに近いといえるでしょう。

性格については、オスとメスの違いはあまりないようです。

また、オスとメスの見分け方については、<mark>尾の付け根付近にある排泄器官（生殖器官）近くの形状</mark>によって、その個体の性別を判断できます。

オスとメスの見分け方

ニシアフのオスには前肛孔(ぜんこうこう)とクロアカルサックがあり、メスにはありません。ただし、クロアカルサックについては、メスでもわずかに膨らみがある個体もいるので、前肛孔の有無とセットで判断したほうがよいでしょう。

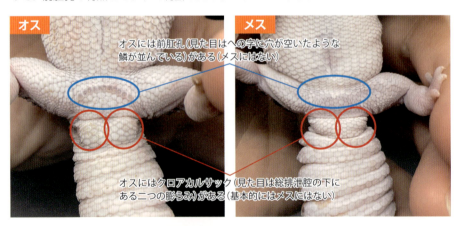

オス
オスには前肛孔(見た目はへの字に穴が空いたような鱗が並んでいる)がある(メスにはない)

メス

オスにはクロアカルサック(見た目は総排泄腔の下にある二つの膨らみ)がある(基本的にはメスにはない)

MEMO
メスは顔が丸くなりやすい

特にニシアフのメスの個体で顕著なのが「顔の丸さ」です。これは「ショートマズル」と呼ばれ、鼻先までの長さが短いために、結果として丸顔に見えます。

第2章
入手方法と持ち帰り方

01 入手できる場所

　ニシアフは自然環境下では日本国内に分布していません。そのため、新たにニシアフを迎え入れる際には、基本的には購入することになります。ニシアフを購入できる場は、大きくわけて「爬虫類ショップ」と「爬虫類イベント」という二つがあります。それぞれにメリットとデメリットがあるので、自分に合ったほうを選びましょう。
　特にチェックしたいのが爬虫類イベントです。爬虫類イベントは国内各地で頻繁に開催されていて、多くは販売会が実施されています。一般の飼育者がお気に入りの個体を見つけるよい機会になっています。

爬虫類ショップでの購入

　爬虫類ショップで購入する場合は、基本的には自宅の近くにある店舗で購入することになるでしょう。ですので、爬虫類イベントに比べて移動の距離が短くなる分、生体に負担がかからないのがメリットの一つです。また、購入後に飼育を始めてから疑問点が生じた場合に、直接、爬虫類ショップのスタッフに相談できるというメリットもあります。
　一方、デメリットとしては、一つの爬虫類ショップで取り扱っている個体数には限りがあり、その中から選ぶことになる点などが挙げられます。

爬虫類ショップは自分のペースで生体を確認できるというメリットもある

◆爬虫類ショップでの個体探し

　左ページで爬虫類ショップのデメリットとして「取り扱っている個体数に限りがある」と紹介しましたが、爬虫類ショップによっては、指定した種類(モルフ)を次回の仕入れの際に入れてくれたり、別の爬虫類ショップから取り寄せてくれることもあります。

　欲しい種類が決まっていて、その爬虫類ショップに該当する個体がいない場合は、一度相談してみるとよいでしょう。

爬虫類イベントでの購入

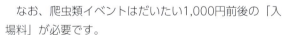

　爬虫類イベントで購入するメリットの一つは、国内各地の爬虫類ショップで販売している生体を一度に見て回れるため、たくさんの生体の中からお気に入りの1匹を選べる点です。

　一方、デメリットとしては、全国各地からその会場へと連れてこられるため、多少なりとも生体に負担がかかり、場合によっては通常より体調が優れない生体が販売されている可能性があることが挙げられます。購入の際は、体調面に問題ないかをしっかり確認しましょう。

　また、爬虫類イベントにはたくさんの爬虫類ショップが出店していますが、自分がどこの爬虫類ショップから購入したのかわからなくなることがあります。生体を購入すると、爬虫類ショップは自店の情報が記載されている「生体販売証明書」を発行してくれるので、そちらを捨てずに保管しましょう。そして、もしものことがあった場合はそちらに記載されている連絡先に問い合わせるとよいでしょう。

　なお、爬虫類イベントはだいたい1,000円前後の「入場料」が必要です。

MEMO
爬虫類イベントの基礎知識

　爬虫類イベントとは、全国の爬虫類ショップやブリーダーが、イベントホールなどの一つの会場に集まり、爬虫類に関するさまざまな催しを実施するイベントです。多くの爬虫類イベントで、生体や飼育用品が販売されます。最近の愛玩動物としての爬虫類の人気の高まりにより、以前よりも多くの頻度、いろいろな地域で開催されています。

02 個体選びのポイント

新たに迎え入れるニシアフは健康であることが望ましいものです。購入する際には、その個体に決める前に個体の健康状態を確認しましょう。ここでは、健康状態を中心とする個体選びのポイントとして、「①体型」「②指」「③顔（目や口の周り）」「④サイズ」「⑤年齢」「⑥食欲」を紹介します。例えば「①体型」については、尾が極端に細い場合は要注意など、それぞれに知っておきたい点があり、「⑥食欲」のように生体の見た目ではわからないものもあります。しっかりと要点を押さえてから購入の場へと足を運びましょう。

①体型

ニシアフの健康状態を知るために、まず確認したいのは全体的な体型のバランスです。特に痩せすぎている場合は注意が必要です。反対に太りすぎはすぐに大きな問題となる可能性は低いものの、餌の量や頻度を調整して適正な体型となるように管理したほうがよいでしょう。

健康な個体

全体的なバランスがよい。個体差やモルフによる違いはあるが、目安として標準的な体型は知っておきたい

十分に太っている個体

太りすぎの個体

食事（餌あげ）を管理したい

◆尾の太さ

　尾の太さも確認したい要素です。ニシアフは尾に栄養を蓄えることができます。しっかりと餌を食べ、健康状態がよい個体は尾がふっくらしています。ただし、モルフによっては尾が太りにくい傾向があり（例えば「ゴースト」（96ページ）というモルフは太りにくい傾向がある）、ふっくらしていないからといって必ずしも問題があるわけではありません。とはいえ、尾が健康のバロメーターの一つであることは間違いなく、購入時の目安の一つになります。

細く見えるが問題がない太さの尾

このように極端に細い尾の個体は購入を控えたほうがよい
かなり細い尾

②指

　生まれつき、あるいは脱皮不全（46ページ）などで指が欠損している個体も存在します。指が欠損していても、個体の健康には大きな影響はありません。ただし、本来は販売側が販売時に説明すべき事項で、購入後に自宅で気付き、それが飼い主と販売側のトラブルの原因になることもあります。爬虫類イベントでは人が多く、十分な説明が受けられないこともあるので自分でしっかりと確認しましょう。

通常、ニシアフの指の数は前肢・後肢ともに5本である

③顔（目や口の周り）

　顔については、「目がしっかりと開くか」がチェックポイントの一つです。個体自身が見えていれば生活上の大きな問題はありませんが、瞼（まぶた）が形成不全の個体もいます。

　また、口の周りに傷やヘルペス（小さいイボ）などがないかも確認します。

健康な個体。まず目がしっかりと開いているかを確認する

④サイズ

　飼育環境下のニシアフの平均寿命はだいたい10〜15年です。その中で、一般的にニシアフは若いほうから「ベビー」「ヤング」「アダルト」という三つのライフステージにわけられます。基本的にはベビーよりもある程度育ったヤングやアダルトのほうが丈夫です。ニシアフの飼育は爬虫類のなかでは比較的容易な部類に入りますが、初心者は少し育った個体から飼育を始めるほうが安心です。

　一方、すでにニシアフを飼育したことがある飼育者にとっては、サイズで飼育の難易度が大きく変わるわけではないので、あまり生体の年齢を気にする必要はありません。

初心者はヤング以上のサイズ（年齢）がよい

◆個体と餌のサイズ

当然のことながら、迎え入れる生体のサイズによって与える餌のサイズが変わります。

ベビーは餌のサイズが小さい必要があり、用意するのに少し手間がかかる可能性があります（生きたコオロギだと成長して大きくなってしまうなど）。その点でもあまりにも小さいベビーより少し育ったヤングのほうが飼育しやすいといえるでしょう。

MEMO
ニシアフのライフステージ

ニシアフのベビー・ヤング・アダルトというライフステージの区分は絶対的な決まりはありません。ヤングはさらに細かくヤングとサブアダルトにわけられることもあります。あくまでも目安としては、ベビーは孵化後〜3カ月、ヤングは3カ月〜1年、アダルトは1年〜となります。

⑤年齢

稀なケースではあるものの、輸入された個体は、すでに輸入元で10年近く飼育され、何度ものブリーディングのあとに国内に輸入されることがあります。このような個体は、「リタイア個体」と呼ばれ、自宅で次の繁殖にチャレンジしてもうまくいかないことがあります。

見た目ですぐ判断できないこともありますが、極端に皮膚がシワシワで元気がない個体は、爬虫類ショップのスタッフに「生後どのくらい経っているのか」「リタイア個体かどうか」を確認しましょう。

MEMO
リタイア個体の購入

リタイア個体は、繁殖を検討しておらず、純粋にペットとして迎え入れるのには問題ありません。寿命の問題で一緒に生活できる期間が短くなる傾向はあるものの、せっかくの出会いですから、気に入った個体を迎え入れるのも選択肢の一つです。

⑥食欲

ニシアフにも個性があり、食欲については、食欲が旺盛な個体がいれば、小食の個体もいます。

また、餌の食べ方についても、例えば生きたコオロギしか食べないなど、特定の方法で与える必要がある個体もいます。特に初心者は「餌食いのよい個体」のほうが飼育しやすいでしょう。

また、それまでの飼育環境で与えられていた餌の種類も大切なチェックポイントで、「自分が無理なく準備や管理をできるものか」を考慮する必要があります。

これらの個体の食事（餌あげ）に関することは個体の外見ではわからないので、爬虫類ショップのスタッフに確認することになります。

03 入手時の確認事項

　爬虫類に限らず、生き物にとって急な生活環境の変化は体調を崩す原因になることがあります。ニシアフは丈夫な爬虫類なので、そこまで神経質になる必要はありませんが、個体を迎え入れる際には注意が必要です。それまでの環境と自宅の環境に大きな違いが生じないように気をつけましょう。まずは**それまでの環境に近いかたちで飼育し、必要や状況に応じて徐々に飼育者にとってより無理がない飼育環境へと近づけていきます**。体調不良を予防するためにも、「**①爬虫類ショップでの飼育環境**」や「**②与えていた餌の情報**」などを確認しておきましょう。

①爬虫類ショップでの飼育環境

　基本的に爬虫類ショップでは一定期間、そこで管理されてから販売されています。ですので、その爬虫類ショップで育てていた環境を確認します。確認したいことには「管理していた温度」と「使用していたケージの種類と床材」があります。なお、輸入して間もない個体は爬虫類ショップでの管理の期間が短いため、その爬虫類ショップが仕入れた先の情報を確認することになります。

適正の範囲内（28〜32℃）で、迎え入れ前の温度に近づける

◆管理温度

　ニシアフの飼育適温は広い幅で考えると28〜32℃ですが、**迎え入れ先となる自宅と爬虫類ショップで管理していた温度との違いによって体調が変化することがあります**。

　例えば爬虫類ショップでは32℃で管理していて、自宅が28℃だった場合、4℃の差があることになります。パネルヒーターなどで多少の調整は可能ですが、高めの温度に慣れていて、急に温度が下がると、それが適正の温度内であっても、ピタリと餌を食べなくなる個体もいます。

ケージや床材を迎え入れ前の
環境にそろえる

◇使用していたケージと床材の種類

できるだけ、迎え入れ前と似た環境に近づけるためには、使用していたケージや床材も確認するとよいでしょう。ニシアフはかなり丈夫な爬虫類なので、そこまで神経質になる必要はありませんが、「念には念を入れて……」ということで確認しておきましょう。

②与えていた餌の情報

餌は種類はもちろん、与え方も迎え入
れ前と同じ条件からスタートする

25ページでも触れましたが、生体の食欲や餌の種類は迎え入れ前に爬虫類ショップで確認しておきたい要素です。個体によっては特定の方法でしか餌を食べないこともあります。

そのため、迎え入れてからしばらくの間は、スムーズに餌を食べてもらうために、できるだけ迎え入れ前と同じ条件で餌を与え、徐々に慣れさせていきましょう。

MEMO

餌に関する個体差

ニシアフにも個性があり、環境の変化への順応力も個体によって異なります。餌については、下のような個体も稀にいます。

- ピンセットからは食べない(生きたコオロギをばら撒きでしか食べない)
- ピンセットから生きたコオロギを食べるが、冷凍コオロギは食べない
- 人工飼料を食べない(逆に人工飼料しか食べない)

04 持ち帰りの準備と注意点

　変温動物である爬虫類は適正よりも高温、あるいは低温の環境におかれると、それが体調のトラブルにつながる可能性があります。そのため、**持ち帰りの移動中の温度にも注意が必要です**。ニシアフは夏は暑くなりすぎないよう、冬は寒くなりすぎないように気をつけます。

　また、多くの場合、生体を購入すると紙袋（ショッパー）に入れて渡されます。もちろんその状態で運搬しても問題ありませんが、極端に周囲の温度が高い、あるいは低い場合は温度をできるだけ一定に保つために、**保温バッグを持参して移し替えて持ち帰りましょう**。

夏の移動

　ニシアフにとっての適正温度は最高で32℃程度であることを考慮すると、国内の盛夏の気温は暑すぎることがほとんどです。長い時間、屋外を歩いて移動したり、生体に直射日光が当たるような持ち運びは避けましょう。特に空調が効いていない自動車の車内に放置するのは、それがたとえ10分でも生体に大きなダメージを与える可能性があります。

暑い時期に帰りの道中で「他の爬虫類ショップに立ち寄る」「お腹がすいたので飲食店で食事をする」などの理由でエアコンを切った車内に放置すると簡単に生体の命を落とすことになる

MEMO
保温バッグ

　生体の運搬では、保温バッグを利用すると一定の温度に保ちやすくなります。

保温バッグはホームセンターや百円均一ショップなどで売られている

冬の移動

　ニシアフにとっての適正温度は最低だと28℃ぐらいです。ただ、一時的な涼しさには一定の耐性があり、繁殖のクーリング（56ページ）の際には一時的に22℃ぐらいまで下げることもあります。そのため、短時間のその程度の低めの温度であれば生体に大きなダメージを与えることは少ないと考えられます。とはいえ、やはり基本は適正温度の環境で移動することです。冬場はどの爬虫類ショップでもカイロを渡してくれるので、そちらを使用しましょう。

◆持ち帰りの際の保温の仕方

　ニシアフを含め、爬虫類は狭い空間にいると落ち着く傾向があります。また、移動中に大きいケースに入れると暴れてケガをする可能性があります。

　そのため、ニシアフは小さいカップに入れて持ち運ぶのが基本です。

　注意点として、カイロをカップに直接貼り付けると、カイロの熱によってヤケドなどのトラブルにつながることがあります。カイロは紙袋の内側に貼りましょう。

　また、生体やカップのサイズによってはカップ内のスペースに余裕がある場合もあります。その場合は、逃げ場を考慮して片側の側面あるいは底面のみに貼るなどの工夫をするとよいでしょう。

紙袋がある場合、カイロは紙袋の内側、カイロがカップに直接触れる面積があまり大きくならない位置に貼る

大きめのケースは、ケースの片側のみに貼る。なお、ケースの内側・外側でいうと、貼るのは外側である

MEMO
購入後の餌あげのタイミング

　特に爬虫類イベントの場合、会場の温度が低い場合もあり、会場までの移動も含めて生体にはストレスがかかっています。自宅に持ち帰り、適切な飼育環境に移した後は、生体には触れず、まずはゆっくり休ませてあげましょう。体が冷えている可能性があるので丸1日はしっかり適温で温めてあげて、早くても持ち帰った翌日の夜、基本は2日後の夜あたりから餌を与えるようにしましょう。

Q&A 【ニシアフの豆知識】

ここでは、ニシアフに関する、よくある疑問とその答えを紹介します。

Q. ニシアフのベビーの色や模様は成長すると変わる？

A. ベビーとアダルトで色や模様が大きく変化することはありませんが、その一方でまったく同じということもありません。一般的には成長にともなって皮膚が厚くなることで色がはっきりしますし、体表の面積が大きくなるので、それにつられて模様も少し変化します。また、モルフによって変化の度合いに差があり、例えば「アメル」(82ページ)の場合、ベビーは色が薄くても成長に従い色がかなり濃くなることがあります。また模様の変化に大きく作用する「ホワイトアウト」(86ページ) は、特にベビーとアダルトで模様の変化が見て取れるでしょう。

ホワイトアウトのベビー。ホワイトアウトは他のモルフに比べて、成長にともなう模様の変化が大きい傾向がある

Q. ニシアフはなつく？

A. 基本的に爬虫類は「『慣れ』はするが『なつき』はしない」といわれています。それはニシアフにも共通しています。ただ、ケージのフタを開けたら飼育者のほうに寄ってくるなど、条件反射による動きがなついているように感じることはあります。

Q. ニシアフは噛む？

A. ニシアフはかわいい見た目をしていますが、口には細かな鋭い歯が生えています。穏やかな性格の個体が多く、基本的に噛んでくることはありませんが、「給餌の際に間違えて噛まれる」「交配の際に喧嘩に発展してしまい、それを仲裁して噛まれる」というケースはあるかもしれません。勢いよく噛まれると痛みがあり、出血をすることもあります。ですので、ハンドリングは注意して実施しましょう。

鼻／口の中に細かい歯が生えている／耳

Q. 夜行性だから餌は夜に与えるほうがよい？

A. 確かに夜に与えるほうが自然かもしれませんが、実際はお腹がすいていれば、どの時間帯に与えても食べます。餌を与えるタイミングはそこまで気にしなくて大丈夫です。朝に与えたからといって体調を崩すことはありません。

第3章

飼育方法

01 飼育環境

ニシアフの飼育には「①ケージ」「②床材」「③シェルター」「④水入れ」「⑤パネルヒーター」「⑥温度&湿度計」「⑦ピンセット(給餌用)」が必要です。生体をスムーズに迎え入れられるように、事前に準備しておきます。ニシアフの飼育に必要、あるいは役立つアイテムは同じ用途のものでもいろいろな種類が市販されています。ここではおすすめのものを中心に紹介していますが、「これでなくてはいけない」ということはありません。予算や自宅の飼育環境に応じて、**柔軟な発想で自分にあったアイテムを選びましょう。**

ニシアフの飼育環境の例

下の写真はニシアフの飼育環境の一例です。なお、ケージは「エアコンの風が直接当たる場所」「直射日光が当たる場所」を避けて設置します。

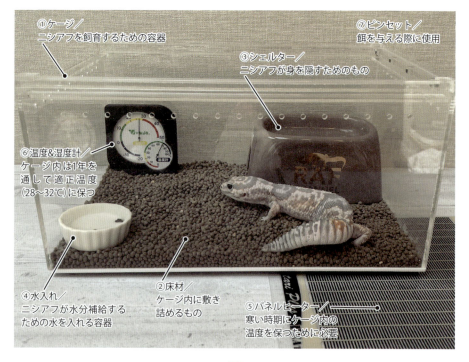

①ケージ／ニシアフを飼育するための容器

⑦ピンセット／餌を与える際に使用

③シェルター／ニシアフが身を隠すためのもの

⑥温度&湿度計／ケージ内は1年を通して適正温度(28〜32℃)に保つ

④水入れ／ニシアフが水分補給するための水を入れる容器

②床材／ケージ内に敷き詰めるもの

⑤パネルヒーター／寒い時期にケージ内の温度を保つために必要

①ケージ

　ニシアフやレオパの飼育をするためのケージとして、もっともポピュラーなのはコンパクトなサイズの爬虫類飼育用のアクリル製ケースです。アクリル製ケースにはガラス製などの他の素材に比べ、軽くてメンテナンスがしやすいというメリットがあります。サイズの目安はもっともコンパクトなタイプで幅20㎝×奥行30㎝×高さ15㎝ぐらいです。なお、ニシアフは夜行性でＵＶライトなどは不要のため、このようなアクリル製のケージでの飼育が可能となっています。

監修者のおすすめ
おすすめのケージ

　ケージについては、よく使用されていて、王道ともいえるのが左ページの写真の『レプタイルボックス』（三晃商会）です。他には前面を開閉できる『レプティギア365』（スドー）、少し大きめでケージ内の空間にゆとりがある『グラスハーモニー450プラス』（ジェックス）なども人気です。

②床材

　爬虫類用の床材にはいろいろなタイプがあります。なかでもニシアフの飼育におすすめなのはデザートソイルです。デザートソイルは部分的に湿らせることで、ケージ内の湿度のコントロールが可能です。

　他にはキッチンペーパーも床材として使用できます。ただし、ニシアフのような昆虫食の爬虫類の排泄物は臭いがあり、デザートソイルのほうがキッチンペーパーよりも消臭性に優れている傾向があります。また、普段のケアの際もデザートソイルは排泄物の周辺を粒ごと取ればよいので、丸ごと交換しなくてはいけないキッチンペーパーよりも効率的です。

デザートソイルは天然素材の粒状の床材である

MEMO
デザートソイルの誤飲

　デザートソイルは生体が誤飲してしまう可能性があり、それを気にする飼育者もいます。基本的にはピンセットで直接給餌すれば誤飲の危険性はかなり抑えられますが、特にベビーは誤飲によって体調不良となることもゼロとは言い切れません。どうしても気になる場合は、ベビーの時期のみキッチンペーパーで管理するとよいでしょう。ただ、野生のニシアフは荒野に生息していて、捕食のタイミングで多少の土や砂も食べてしまうことは容易に想像できます。ですので、デザートソイルの誤飲はそこまで気にする必要はないともいえるでしょう。

③シェルター

シェルターは生体が身を隠すためのもので、生体のストレス軽減に役立つと考えられています。基本的には安定していて、倒れる心配がなければ、どのようなものでもＯＫです。

なお、シェルターのタイプには、上部に水を溜めてシェルター内の湿度を上げることができる「ウェットシェルター」と、そうではない「ドライシェルター」があります。

◆ウェットシェルターの必要性

湿度が関係する脱皮不全（46ページ）のことを考慮して、「ウェットシェルターのほうがよいのでは？」と考える飼育者もいるようです。

脱皮不全は「①ケージ内の湿度」「②個体の栄養バランス」によって引き起こされます。ケージ内の湿度の管理については、表面積が大きい水入れを使用したり、床材を湿らせることでも管理できます。そう考えると、脱皮不全対策としてのウェットシェルターには、そこまで強くこだわる必要はないといえるでしょう。

ウェットシェルター

ドライシェルター

MEMO
世界的な爬虫類ショップの飼育環境

世界的にも有名で、長年の実績がある、韓国のニシアフのファーム＆ショップ『COCKTAIL SHOP（カクテル・ショップ）』では、床材はなんと「紙」を使用しています。シェルターは不使用でケージ内のアイテムは表面積の広い浅い水入れのみです。それで、脱皮不全を起こすこともなく飼育・繁殖できています。水入れが表面積の広いものであることがポイントのようです。脱皮前は水入れの中に軽く足をつけるなどして体を湿らせるでしょうし、そもそも水入れの表面積が広いので「水分が蒸発しやすい＝湿度を保てる」という環境を維持できているのでしょう。

世界的にも有名なファーム＆ショップの飼育環境はシンプルである

④パネルヒーター

ニシアフにとっての適切な温度は28〜32℃です。

暑さに関しては死に直結するので適温を超えないように、しっかりと管理する必要があります。暑い時期には高温となる場所へのケージの設置は避け、エアコンを活用するなどしてケージ内の温度を管理します。

一方、寒さについては一定の耐性があることが知られていますが、それでも温度が低いと活性が下がり、食欲が低下したり、消化不良で緩めの排泄物をしたりとコンディションが落ちます。そこで、寒い時期には、ニシアフにとっての適切な温度を維持するために市販のパネルヒーターを使用します。

パネルヒーターの設置の位置

パネルヒーターはケージの下に敷いて（底面と床の間に挟んで）使用します。その際に底面の全体ではなく、1/3程度を温めるようにします。これはケージ内に暖かい場所とそこまでは暖かくない場所の温度の傾斜を作り、ニシアフがその時々の好みの温度を選べるようにするためです。ただ、「パネルヒーターを底面の1/3程度」はあくまで目安で、そのケージが置かれている部屋の温度などによって変わります。部屋の温度が低ければ、1/2ぐらいは必要かもしれませんし、温度が高ければ1/5ぐらいがよいケースもあります。

寒い時期のケージ内の温度管理は温度計の数値以外に生体の行動も参考になります。ずっとパネルヒーターを敷いている場所の上にいるのであればケージ内の温度が低め、パネルヒーターを敷いている場所を避けるようにしているのであれば飼育環境内が高めである可能性があります。ケージ内を行ったり来たりと自由に移動している状態がちょうどいい温度といえます。

パネルヒーターの設置例。位置は状況に応じて調整する

MEMO
その他の保温器具

飼育匹数が多く、ブリーダーラックを使用している飼育者はケーブルヒーターを使用することがあります。ケーブルヒーターはその名の通り、ケーブルが熱を持つ保温器具で、ケージに敷いている本数で温かさを調整します。

他にも爬虫類の飼育用の保温器具は、保温電球などのいろいろなタイプが市販されています。ただ、夜行性であり、多くはアクリル製ケージで飼育するニシアフに関しては、温度が必要以上に高くなったり、ニシアフがヤケドをしたり、あるいは火事の原因になる可能性もゼロではないので、パネルヒーター以外の保温器具はあまり適していません。

⑤温度＆湿度計

　温度計と湿度計は爬虫類用のものが市販されていて、多くは温度計と湿度計の一体式です。数値を正確に計測できるのであれば、どのような商品を選んでも問題ありません。
　また、最近はデジタルツールの進化により、スマホのアプリと連携させて24時間の温度推移をチェックできる商品も販売されています。さらにヒーターやエアコンなどもスマホで管理することができ、それらを利用すると、外出中に万が一、温度が上がりすぎている、あるいは下がりすぎているなどの問題が生じても、スマホで調整することが可能です。

監修者のおすすめ
温度＆湿度計は『スイッチボット』

　私は『スイッチボット』（ZERO PLANTS）というデジタルタイプの温度＆湿度計をメインで使用しています。こちらはスマホのアプリとの連携で24時間、温度の推移を確認できます。外出時に何かトラブルがあっても気付くことができて非常に便利です。

スマホに連動した温度＆湿度計『スイッチボット』

◆温度計の設置位置

　温度＆湿度計の設置については、ケージ内に設置できるものはパネルヒーターを敷いている側（ホットスポット側）に設置します。また、ケージ内に設置できない場合は、パネルヒーターを敷いてる側のケージの上などに設置するのが基本です。
　なお、温度＆湿度計は二つ以上を設置するのが理想です。一つだけだと、その一つが故障していた場合に故障に気が付かず、取り返しのつかない事態になってしまう可能性があります。

温度＆湿度計をケージ内に設置した例

温度＆湿度計をケージの外に設置した例

⑥水入れ

　爬虫類ショップでは、ニシアフの飼育に適した水入れを販売しています。ただし、必ずしもそのような専用のものである必要はなく、同じような形状&サイズで、洗ってきれいにできるものであれば、どのようなものでもOKです。

　お手頃なものでは百円均一ショップの食器コーナーで販売されている小皿でもよいでしょう。

監修者のおすすめ
プラスチック製のシャーレ

　34ページで紹介したように『COCKTAIL SHOP』では表面積が大きく、深さが浅い水入れを使用しています。具体的には理科の実験などで使用するプラスチック製のシャーレです。私も一部は同じものを使用していますが、今のところ百円均一ショップの小皿でも、プラスチック製のシャーレでも問題なく飼育できています。

⑦ピンセット

　ピンセットは給餌に使用します。さまざまな爬虫類用のピンセットが市販されていて、大きくは材質別に竹製とステンレス製の二つにわけられます。竹製は一般的にはステンレス製ほど鋭利ではないので、生体の口を傷つける可能性が低いとされています。一方、ステンレス製はよりきれいに洗浄できるので衛生面の問題が少ないというメリットがあります。

爬虫類の給餌用のステンレス製ピンセット

監修者のおすすめ
ピンセットはステンレス製

　私はピンセットはステンレス製を使用しています。生体が口を傷つける問題については与え方でクリアできます。勢いよく餌に飛びついてくる生体に対してピンセットの先が垂直に刺さるような給餌を避けるのがコツで、ステンレス製のピンセットで問題が起きたことはありません（適切なピンセットを使った給餌方法は43ページ）。

ピンセットの先端を生体に向けると、生体が先端でケガする可能性がある

02 日頃のケア

ニシアフの飼育はそれほど多くの手間はかかりません。

飼育環境の日頃のケアで、**とても重要なことの一つがケージ内の温度の維持です。35ページで紹介したように1年を通して28〜32℃を維持します**。また、湿度も生体の健康に影響しますが、温度ほどは細かく気にする必要はありません。

その他の日頃のケアとしては、**排泄物の処理や水の交換を行います**。ニシアフはだいたい2〜3日に一度、排泄をするので、排泄物は見つけたらすみやかに処理します。一方、水は毎日交換するのが理想です。

排泄物の処理

ケージ内を清潔に保つため、排泄物は見つけたらすみやかに処理をします。処理の方法は使用している床材によって異なりますが、排泄物を残さず取り除くのが基本です。

床材がデザートソイルの場合は、排泄物をピンセットでつまんで捨てるか、周辺のソイルごとスプーンなどですくい取って捨てる

床材がキッチンペーパーの場合はキッチンペーパーを丸ごと交換する

MEMO
ニシアフの排泄物

ニシアフを含め、爬虫類の排泄物は基本的には「大便＋尿酸」です(尿酸と一緒にわずかに水分を出すこともある)。なお、排泄物は健康のバロメーターでもあるので、処理時に「いつもと同じか」を確認しましょう。特に多いのが餌の与えすぎによる下痢で、その場合は餌の量を調整する必要があります。

水の交換

衛生面を考慮して、できれば水入れの水は毎日、交換します。

水は常温の「水道水」でOKです。「せっかくなのでよいものを」と市販のミネラルウォーターを与えたくなるかもしれませんが、一般的にはミネラルウォーターのほうが水道水よりも細菌が発生しやすく、ニシアフの飼育に関しては水道水のほうが衛生面の心配が少ないものです。

湿度のケア

ケージ内の湿度も温度と同じようにニシアフの健康に関わる要素です。基本的に湿度は湿度計の数値で確認します。ただ、湿度は温度ほどは細かく気にする必要はなく、ケージ内の湿度の目安は50％以上です。脱皮前に体表が少し白くくすんできたら意識的に湿度を高めに維持するという調整でOKです。

◆湿度のコントロール方法

湿度のコントロールの方法は飼育環境によって変わります。

例えば水入れも湿度に関係していて、表面積の広い水入れを使用すると湿度を高く維持できます。床材にデザートソイルを使用している場合は、デザートソイルに部分的に水をかけることで湿度を上げることが可能です。なお、ここでのNGは床材全部が湿ってしまうほど、たくさんの水をかけることです。

一方、キッチンペーパーの場合、キッチンペーパーがビチョビチョにならないように注意しながら、軽く霧吹きをします。

乾燥していたらデザートソイルの一部を湿らせる

MEMO
デザートソイルの交換

デザートソイルは排泄物のわずかな取りこぼしなどが蓄積し、デザートソイル自体も劣化して粉っぽくなります。ですので、1〜3カ月に1回は丸ごと交換します。その際にケージやシェルターなどの入れているものもきれいに洗うと、よりよい衛生状況を維持できます。

03
ニシアフの餌

かわいいニシアフが餌を食べる瞬間を見るのはとても楽しいものです。ここからはニシアフの食事（餌あげ）の情報を紹介します。

まず、餌の種類については、**ニシアフの餌でもっともポピュラーなのはコオロギです**。他にもデュビアなどのゴキブリの仲間も使用されることがありますが、なかには取り扱っていない爬虫類ショップもあります。また、コオロギを主原料とする人工飼料も市販されていますが、それまで人工飼料を食べていた個体が急に人工飼料を食べなくなることがあるので、**虫が苦手な飼育者もコオロギに慣れておいたほうがよいでしょう**。

コオロギの種類

　ニシアフのメインの餌として考えたいコオロギには「ヨーロッパイエコオロギ」「フタホシコオロギ」「クロコオロギ」がいて、どの種を選んでも問題ありません。他にもゴキブリの仲間や、ミルワーム・シルクワームなどの爬虫類ショップで販売されている餌用の昆虫も食べますが、基本的にはコオロギのみで十分に終生飼育が可能です。

　爬虫類の餌として販売されているコオロギについては、コオロギにもサイズがあり、小さいほうからS、M、Lと表記されます（SMサイズなど、さらに細かくわけられることもあります）。ベビーであればSサイズからスタートし、あとはニシアフが成長して体のサイズが大きくなるのに応じて、餌のコオロギもサイズを大きくしていきます。目安としては、ニシアフの頭の大きさぐらいのコオロギなら食べることができます。

◆冷凍コオロギと生きたコオロギ

　状態で見ると、コオロギには「生きたコオロギ」と「冷凍コオロギ」の二つのタイプがあります。最近は「管理の手間がかからない」「コオロギがニシアフを傷つける心配がない」などの理由から、冷凍コオロギが主流となっています。

冷凍コオロギは匹数ではなく500gなど重さで販売されている

コオロギの足は抜かれた状態で売られている

冷凍コオロギは常温解凍など、解凍してから与える

生きたコオロギの管理環境

　ニシアフの餌として生きたコオロギを選ぶ場合は、与えるまでの間は生きた状態で管理することとなります（下の写真はコオロギの飼育環境の一例である）。なお、コオロギの餌については、小松菜や白菜、キュウリなどの野菜や亀や金魚用の市販の餌などを与えます。水分については新鮮な野菜を与えるのであれば、コオロギはそこから水分を補給します（水を含んだスポンジを設置してもOK）。

ケース／
高さと一定の大きさがあり、通気口があれば、どのようなものでもOK

掃除／
少なくても2～3日に一度は排泄物や食べ残しを取り除く。小さいホウキとチリトリがあると便利

ケースの設置場所／
夏の暑さや冬の寒さをしのげる冷暗所

紙製の卵パック／
コオロギが身を隠すためのもの。結果としてコオロギが長生きする

MEMO ガッドローティング

　「ガッドローティング」は、ペットの爬虫類に与える昆虫に栄養価が高いものを食べさせて、昆虫自体の栄養価をできるだけ高めるという概念（方法）です。言葉を換えると、「生体の健康のために、よりよい餌（昆虫）を与えよう」ということです。昆虫に与える餌のバランスを考えて育てることも大事で、最近は昆虫の栄養価を高めるための配合飼料も販売されています。ニシアフに与える餌として生きたコオロギを選ぶ場合も、ガッドローディングを意識して管理することが重要です。

人工飼料

　「昆虫はどうも苦手で……」というニシアフの飼育者が「普段から人工飼料を食べている」という個体を迎え入れたいという発想はよく理解できます。
　ただ、人工飼料には知っておきたい情報があり、それは「それまで人工飼料を食べていた個体が急に人工飼料を食べなくなることがある」です。
　その場合は基本的にはもっともポピュラーなコオロギを使用することになるでしょう。ですので、ニシアフを飼育するのであれば「遅かれ早かれ餌の昆虫と付き合うことになる」という認識があったほうがよいでしょう。便利なことに、現在は生きたコオロギを使用する必要はなく、冷凍コオロギをネット通販で購入することが可能です。

04 餌の与え方

ニシアフの餌はコオロギが主流で、コオロギを与える際には、粉末のサプリメントを添加します。この方法を「**ダスティング**」といい、よく使用されるサプリメントには「**①カルシウム**」「**②カルシウム＋ビタミンD3**」「**③ビタミン/ミネラル**」があります。

基本的な与え方はピンセットで口元に持っていきます。レオパに比べると餌が生体の口につくほど近づけると、驚いたり、嫌がる個体が多いので、その場合は鼻先から2～3cmのところ、ニシアフの目線より低い位置で動かして誘います。するとニシアフが自発的に食いつきます。

サプリメント

ビタミンD3は食品から摂取するほか、紫外線を浴びることでも体内で生成されます。このビタミンにはカルシウムの吸収を促進する働きがあります。

夜行性のニシアフの飼育では紫外線ライトを使用しないため、「②カルシウム＋ビタミンD3」のサプリメントを添加して与えます。ただし、ビタミンD3の過剰摂取は肝機能障害や食欲不振などの原因になるため、「①カルシウム」と「②カルシウム＋ビタミンD3」のサプリメントを給餌ごとに交互に使用することをおすすめします。

また「③ビタミン/ミネラル」のサプリメントも重要です。こちらも毎回、添加するとビタミンの過剰摂取になってしまうので、間隔を空けて数回に1回のペースで与えます（「①カルシウム」か「②カルシウム＋ビタミンD3」のどちらかに加えて与える）。

サプリの粉末はボトルで市販されている

MEMO
サプリメントの使用のコツ

カルシウムなどのサプリメントを添加すると味やにおいが変わるのか、餌への食いつきが悪くなることがあります。ニシアフの飼育では、「一気に」は難しいことがあるので、このようなケースではグラジュアリー(段階的)に少しの量から慣れさせていきます。これは、いわば「飼育のテクニック」です。もし食べないのであれば、グラジュアリーを意識してチャレンジしましょう。

ピンセットでの餌の与え方

基本的に餌はピンセットを用いて与えます。

頻度はベビーなら1週間に5～7回（7回の場合は毎日となる）、ヤングは1週間に3回程度、アダルトは1週間に1～2回が目安です。餌のサイズはニシアフの大きさに応じて、ニシアフが無理なく食いつくサイズを選びます。

1回の餌の量はだいたい2～5匹です。当然のことながら、給餌の頻度が多いほど、一度に食べる量は少なくなります。様子を見ながら、無理に食べさせることなく、調整しましょう。

コオロギはサプリメントを添加してから与える。小さめのカップにコオロギとサプリメントを入れて、カップを軽く振るとスムーズに添加できる

> **MEMO**
> **人工飼料の与え方**
>
> 人工飼料の与え方はコオロギのピンセットでの給餌と同じです。ピンセットで適量をつまんで生体の鼻先2～3cmの目線の下へと運びます。

ピンセットの先はニシアフに向けない

食いつきが悪い場合は鼻先2～3cmのニシアフの目線の下で動かすとよい

ピンセット以外の餌の与え方

だいたいの個体がピンセットから餌を食べますが、稀に食べない個体もいます。

その場合はコオロギの入った餌皿をケージ内に設置して、自分で好きなタイミングで食べてもらいます。この方法は「置き餌」といいます。なお、置き餌のポイントはコオロギが脱走しないようにコオロギの後ろ足を取り、「返し」のついた爬虫類用の餌皿などに入れることです。

もしくはケージ内に生きたコオロギをばら撒く、「ばら撒き」という方法もあります。こちらもニシアフが捕食しやすいようにコオロギは後ろ足をとってから与えるとよいでしょう。ただ、この方法にはリスクがあり、ケージ内にばら撒いたコオロギがいつまでも捕食されず、コオロギがニシアフの体をかじってしまう可能性があります。ばら撒くのはせいぜい2匹程度で一定時間経っても食べていない場合は回収しましょう。イメージとしては夜に与え、翌朝に残っていたら回収をするといった感じです。

置き餌

ばら撒き

餌の与え方の注意点

ベビーでもその個体がしっかりと水分補給をしていれば、餌は1週間ほど食べなくてもそこまで焦る必要はありません。

いちばんよくないのが、餌を食べないからといって無理やり口を開けて食べさせることです。このような餌の与え方は「強制給餌」と呼ばれます。強制給餌をすると自発的に食べなくなる個体が多いのが実情です。強制給餌はいろいろな方法を試してみたうえでの最終手段と考えましょう。

監修者のおすすめ
ニシアフには冷凍コオロギ

日々のコオロギのお世話もなかなか大変で、爬虫類を飼っているのか、コオロギを飼っているのかわからないという状態に陥ってしまうことがあります。これは「爬虫類飼育あるある」です。私は2024年9月現在で、80匹ほどのニシアフを飼育していますが、すべて冷凍コオロギで育てています。それで問題なく成長と繁殖ができています。サプリメントを併用すれば、問題なく健康に育つので、ニシアフの餌は冷凍コオロギがおすすめです。

05 ハンドリング

餌あげと同様にニシアフとのコミュニケーションを取る機会（方法）としてハンドリングがあります。手のひらに生体を乗せるなど、直接的に触れ合うハンドリングは爬虫類飼育の醍醐味の一つといえるでしょう。

ニシアフはレオパよりも動きが遅く、性格も穏やかで、手のひらでじっとしてくれる個体が多い傾向があります。爬虫類の中ではトップクラスのハンドリングをしやすい種です。

とはいえ、個体差があるので、**できる限りストレスを与えないように気を付けつつ、ハンドリングを楽しみましょう。**

ハンドリングの注意点

15ページでも触れましたが、爬虫類は自分の身を守るために自発的に尾などの自分の体の末端部分を切り落とすことがあります。この行動を「自切（じせつ）」といいます。

そして、ニシアフは尾を自切するヤモリです。飼育環境下では、何かに驚いたり、極度のストレスを与えてしまうと自切します。そこまで簡単には自切しないので、過度に心配する必要はありませんが、少なくとも尾をつかんで持ち上げるのはNGです。

また、ある程度育った生体よりもベビーのほうが自切しやすいので、特にベビーのハンドリングは注意が必要です。

◆自切後の尾

自切した尾は、やがて生えてきますが、完全にもと通りとはいかず、丸く膨らんだ尾になります。これはこれでかわいいのですが、自切はさせないに越したことはありません。ハンドリングは丁寧に行いましょう。

再生した尾の個体

06 健康チェック

日頃のしっかりとした観察があなたのニシアフの健康を守ります。

ニシアフを含め、爬虫類は健康上のトラブルが目に見えてわかるようになったときには「時すでに遅し」というケースが多いものです。また、国内には爬虫類に詳しい動物病院が少なく、動物病院で診てもらっても完治するケースはかなり限定的です。

ですので、**もっともよいのは、動物病院に連れていかなくてはいけない状況を作らないこと**。日頃の観察が大切なのはそのためで、私たち人間と同様に早期発見・早期対応が重要です。

適切な飼育の三つのポイント

ここまで紹介してきたように、ニシアフに元気に過ごしてもらえる適切な飼育環境は「①温度」「②湿度」「③餌の量&頻度」がポイントです。

ニシアフの健康を維持するポイント

項目	目安	注意点等
①適切な温度	28〜32℃	ケージ内に適切な温度内で勾配を作るのが理想。とくに高温に要注意→35ページ
②適切な湿度	50%以上	温度ほどは神経質になる必要はないが、湿度も湿度計で確認し、乾燥しているようであれば床材のデザートソイルを部分的に湿らせるなどの対応を→39ページ
③餌の量&頻度	ダスティングをして、個体差やライフステージに応じて適切な量と頻度で与える	コオロギを例にすると、目安はベビーはSサイズを週5〜7回、ヤングはMサイズを週3回、アダルトはLサイズを週1〜2回。数は2〜5匹→40、42ページ

健康上のトラブル① 脱皮不全

ここでは「①脱皮不全」「②食欲不振」「③下痢」「④クル病」というニシアフによく見られるトラブルを紹介します。

まずは「①脱皮不全」から。ニシアフに限らず、脱皮不全は脱皮をするすべての爬虫類に生じる可能性があるトラブルで、もっとも身近なものです。ニシアフやレオパを飼育したことがある飼育者は、一度は対応しているのではないでしょうか。

よくある指先の脱皮不全

◪症状

ニシアフは成長過程はもちろん、すでに十分に成熟した生体でも、新陳代謝のために脱皮をします。脱皮を開始したら完了するまで一気に進め、脱皮をした古い表皮は自身で食べて脱皮の痕跡をなくすのが本来の脱皮の流れです。

脱皮不全とは脱皮がいつまでも完了することなく、古い表皮が指先などの体の一部に残り続けるトラブルです。

脱皮不全は面積が大きい背中などは大きな問題には発展しないものの、指先などの細かい部分(末端)に残ると血流が悪くなり、例えば指の場合は壊死して取れてしまう(指欠け)などのリスクがあります。1本あるいは数本であっても、指の欠損は生体の全体的な健康や繁殖に大きな影響はありませんが、見た目の問題で回避したいものです。

◪主な原因

主な原因には下の二つが挙げられます。

脱皮不全の主な原因

原因	ポイント
①湿度不足	飼育環境が極端に乾燥しすぎていると、表皮が乾燥して、うまく脱皮できなくなる可能性がある。湿度の目安は50〜70%程度(反対に90%など高すぎるのもよくない)
②栄養不足	日々の与えている餌からビタミンなどの必要な栄養素を十分に摂取できていないことも脱皮不全の原因となる

◪予防

脱皮不全を予防するために、まず意識したいのはケージ内の湿度の管理です。脱皮前は体表が白くなってくるので、そのタイミングで床材のデザートソイルの一部を湿らせるなどして湿度を上げるのが予防策の一つです。

また、栄養バランスのいい食事を摂らせるために、与える餌に工夫をすることも大切です。42ページで紹介したように、コオロギはサプリメント(カルシウムやビタミン)を添加してから与えます。

◪なってしまったら

脱皮後に指先などに古い表皮が残っている場合の対処法としては、ケージとは別の容器に1〜2cmほどの深さのぬるま湯を張り、そこにニシアフを5分ほど入れます。そうすると指先に残っている皮がふやけるので、そのあとは綿棒などで優しく取り除きます。

また、背中などの取りやすい部位に古い表皮が残っている場合は、霧吹きなどを利用して、軽く湿らせてから、優しく取り除きます。

健康上のトラブル②　食欲不振

◆主な原因

　人間と同様にニシアフの食欲不振（餌を食べなくなる）は病名ではなく、症状です。原因には次のようなものが考えられます。

①ケージ内の温度が低く、生体の活性が下がっている

②季節に応じた生理機能の影響

③何かの病気による体調不良(このケースはかなり少ない)

◆予防①　ケージ内の温度

　ここでは上の「③何かの病気による体調不良」以外の要因別に予防と食欲不振になってしまった場合の対応をご紹介します。

　まず、「①ケージ内の温度が低く、生体の活性が下がっている」については、ケージ内の温度を確認し、適切な温度（28～32℃）内で、高めに調整します。例えば28℃であったら30℃ぐらいに上げて、ニシアフの餌への食いつきの様子を確認します。

◆予防②　季節に応じた生理機能

　「②季節に応じた生理機能の影響」については、温度を含めて飼育環境は問題ないのに急にピタッと餌を食べなくなることがあります。こちらはベビーやヤングの若い個体にはあまりなく、とくにアダルトによく見られます。個体差はあるものの、頻度は年に1回ぐらいです。おそらく自然環境下での休眠（冬眠）のタイミングが影響していて、ケージ内の温度が適温であっても、もともと備わっている生理機能によって代謝が落ちる(餌を必要としなくなる)状態に入るのでしょう。

　この場合は1～2カ月ぐらいは、餌を食べなくても水さえ飲んでいれば問題ありません。体重は変わらないか、1～2g程度しか変化しないことが多いようです。

　このケースは時間が解決してくれるので、体重が極端に落ちていなければ、そのまま様子を見ても大丈夫です。

MEMO
生理機能の食欲不振対策

　生理機能の食欲不振対策の一つとして「ケージ内の温度を適温の範囲内で上げる」という選択肢があります。このようなケースで温度を活用できるように、普段は適温の範囲の中間あたりで飼育することをおすすめします。

　温度を上げたあとは1週間ほど様子を確認します。それでも変化がなければ、通常の温度に戻し、その後、逆に1カ月ほど22～23℃ぐらいに温度を下げるとよいでしょう。その後は徐々に通常の温度へ戻すと、休眠明けの状態となり、一気に餌を食べるスイッチが入ることがあります。

健康上のトラブル③　下痢

◻︎症状
人間の下痢と同じ症状。排泄物がしっかりした固形ではなく、緩めである状態です。

◻︎主な原因
特に次の二つが原因であることが多いようです。
①餌の食べすぎによる消化不良。こちらの原因がもっとも多い
②細菌などの体内環境の悪化

◻︎予防①　消化不良
「①餌の食べすぎによる消化不良」が原因の場合は排泄物の状態を観察しながら、餌の頻度や量を調節します。いつもよりも、たくさん食べた場合は消化不良にならないように、ケージ内の温度を適正の範囲内で少し高くしてニシアフの消化を促しましょう。

◻︎予防②　体内環境
「②細菌などの体内環境の悪化」によって下痢をしている場合は、基本的には飼育者ができることはありません。すみやかに爬虫類に対応可能な動物病院へ連れていきましょう。多くの場合、動物病院では排泄物を検査します。軟便を採取して冷蔵庫などで管理しておくとよいでしょう。

MEMO
ニシアフの健康と体重

ニシアフにとって、体重は体調を示すバロメーターの一つです。左ページで紹介しているように餌を食べない理由には、季節に応じた生理機能が影響をしていることもあり、食べなくても体重がそれほど変化していなければ、心配は無用です。

一方、餌を食べなくて体重が減っている場合は病気の可能性があります。

このように個体の体重の推移を知ることは食べない理由の判断に役立ちます。必須ではありませんが、日頃からの体重測定も飼育者ができる健康チェックの一つといえるでしょう。

普段から生体の体重を測定しておくとよい

健康上のトラブル④　クル病

◆症状
　骨が脆（もろ）くなり、骨格や四肢の関節が変形します。結果として、歩けなくなったり、餌が食べられなくなります。その他にも震えやくるくる回る、痙攣（けいれん）などの神経症状、便秘なども見られます。

◆主な原因
　クル病の主な原因は成長期のカルシウムの摂取量の不足です。

◆予防
　与える餌（コオロギなどの昆虫）に市販のカルシウムをダスティングします(特にベビーから飼育する場合／ダスティングの詳しい情報は42ページ)。

◆なってしまったら
　重度になると完全に回復することは難しいのですが、クル病は急速に進行するものではありません。早期に異変に気が付くことが大切です。しっかりカルシウムを摂取させてあげると、症状は解消もしくは緩和します。

クル病の予防のためにカルシウムのサプリメントをコオロギにダスティングして与える

第4章

繁殖の基本

01
繁殖可能な個体

ニシアフはさまざまな色や模様の個体がいて、**自分の好みの個体を生み出せる可能性がある繁殖もニシアフの大きな魅力の一つです。**
本章では自宅でのニシアフの繁殖を検討している方を対象に、繁殖可能な個体や繁殖の準備から孵化後のベビーの管理まで、繁殖を成功させる方法やポイントを紹介します。なお、繁殖の方法やポイントはブリーダーによって異なり、「こうでなくてはいけない」という絶対的な正解はありません。ここで紹介するのは、一例なので、**個体の性格や飼育環境などに応じて、自分にとってのベストな方法を見つけましょう。**

繁殖の魅力

他の多くの爬虫類と同様にニシアフにもモルフ（68ページ）があり、そのモルフは遺伝子によって決まります。組み合わせによっては一つのペアから何種類もの見た目が異なるベビーが生まれるケースもあります。ときにはとても価格が高く、爬虫類ショップでは購入しにくいモルフを自分の力で生み出せることもあり、その喜びはとても大きいものです。

初めは繁殖を視野に入れていなかった飼育者も、ニシアフの理解を深め、モルフを知っていくにつれて繁殖に興味が湧くことが多いようです。

繁殖可能な個体

では、繁殖可能な個体にはどのような条件があるのでしょうか。

答えはシンプルで、十分に成熟した個体です。具体的には、よく耳にするのが体重を指標とする考え方です。とくにメスに関しては、50g前後の体重だと1シーズンに産む卵の数が少ない傾向にあります。ただ、成長スピードは与える餌の種類や頻度によって異なりますし、体重が重くても、体がまだ成熟していない場合も多くあります。生き物なので、やはり絶対的な正解はありませんが、しっかりした卵をたくさん産んでもらうには、十分な体重に加えて、年数による成熟度を考慮するとよいでしょう。具体的には「生後1.5～2年以上」であり、「体重が60g以上」を目安に判断するとよいでしょう。

また、繁殖をすると母親（メスの個体）は体力を消費するので、繁殖後はしっかりと餌を与え、次の繁殖期までに状態を戻すのが基本です。もしコンディションが完全に戻りきってない場合は無理をさせず、次の繁殖シーズンは休ませるほうが無難です。

繁殖に関係する要素

十分に成熟した個体同士でも、繁殖が必ず成功するとは限りません。繁殖には下の表のような要素も関係します。

また、詳しくは第5章（68ページ～）で紹介しますが、オスとメスの組み合わせには遺伝的にNGの組み合わせがあります。そのため、モルフの面でも注意が必要です。

ニシアフのオスとメスにも相性がある

繁殖の成功に関係する要素

要素	対策
①発情しているか	「クーリング」（56ページ）という工程を挟むことでタイミングを揃えることができる
②相性がよいか	オスとメスの相性が悪いと、工夫をして繁殖の回数を重ねてもうまくいかないことがある。これは運
③体格差はないか	あまりに体格差が大きいと、万一、ケンカとなった際に個体がケガをすることがある。ある程度、オスとメスの体格をそろえた組み合わせで繁殖に臨む

MEMO
誕生するベビーの数

ニシアフは1シーズンに産卵を3～5回繰り返します。そのうちの1回を「1クラッチ」といい、基本的には1クラッチに2個の卵を産みます。ですので、すべてが有精卵で順調に孵化すれば一つのペアの1回の受精で、10匹前後のベビーが生まれることになります。

ただし、初産だったり、メスがまだ完全に成熟し切っていないと、「スラッグ(未受精卵)」を産んだり、1クラッチに2個ではなく1個しか卵を産まないこともあります。また、比較的、珍しいケースですが、有精卵であっても卵の状態や、管理方法によっては卵の内部での成長が途中で止まってしまうこともあります（これを「死籠り」という）。

いずれにせよ、基本的には一つのペアから10匹前後のベビーが誕生するので、その事実を踏まえて繁殖は計画的に実施しましょう。

02 繁殖に必要なアイテム

ニシアフを自宅で繁殖するには、普段の飼育とは別に専用のアイテムが必要です。

繁殖に必要なアイテムを目的別に紹介すると、「①産卵の準備」「②ペアリング」「③産卵」「④卵の管理」「⑤ベビーの管理」のためのアイテムがあります。

なかには「産卵床」のように百円均一ショップで売られているものをベースに自作可能なものもあります。繁殖前に自宅の飼育環境を確認して、その環境に応じた必要なアイテムを用意しておきましょう。

①産卵の準備のためのアイテム

ニシアフの繁殖では一時的にケージ内の温度を下げる「クーリング」(56ページ)という工程があります。次に紹介するアイテムを使うと、スムーズにクーリングができます。

◆インキュベーター

爬虫類などの卵を孵化させるための専用の機器です。大型のタイプはニシアフのケージごと収納でき、クーリングにも使用できます。

『HOMEOSTATIC INCUBATOR』
（販売：DEU Reptiles）

◆冷温庫

食品などを保管するための冷温庫もインキュベーターと同様の使い方ができます。専用のインキュベーターのほうが温度の精度が高い傾向があるので、きっちりと温度を管理するには専用のインキュベーターのほうが確実です。冷温庫を使用する場合は別途温度計を設置して、数値をダブルチェックすることをおすすめします。

発泡スチロールの箱も利用可能

電子機器に頼らずにクーリングすることも可能です。11月頃より自宅の部屋から廊下、廊下から玄関などへと、適切な温度帯の場所にニシアフを少しずつ移動させます。その場合はできるだけ温度を一定に保つために発泡スチロールの箱を使用するのも一つの方法です。

◘ 小型のケース

　繁殖に臨むニシアフが複数匹の場合は、親となる生体をいつも使用しているケージから小型のケースに移すことをおすすめします。ケースの中には小さな水入れだけを入れて管理します。クーリング中は活性が下がっているので、それほど動き回ることはありません。逆に動いても余計な体力を消費するだけなので、そのスペースをあらかじめ制限するということです。

生き物を管理する用のケースでないものを使用する場合、必ず通気口をしっかり開ける、脱走しないようにするなどの加工をする

②ペアリングのためのアイテム

◘ 別のケージ

　ペアリングの方法によって異なりますが、オスとメスの両方を飼育ケージとは別のケージに移動させる方法を選ぶ場合は、あらかじめ別のケージを用意しておきます。

③産卵のためのアイテム

◘ 産卵床

　産卵床とはメスが産卵するための場所です。必ずしも専用のものが必要というわけではありませんが、準備するとしたら、百円均一ショップなどで販売されている食品用のプラスチック製密封容器に湿らせた水ごけを入れて自作できます。

④卵を管理するためのアイテム

◘ 卵を管理する容器

　卵を管理する容器は専用のものが市販されています。また、自作も可能で、食品用のプラスチック製密封容器などに通気口を1〜2カ所開け、中に湿らせたバーミキュライトなどの床材を敷きます（深さは3cmもあれば十分）。また、温度管理のために、ここでも左ページのインキュベーターや冷温庫が役立ちます。

⑤ベビーを管理するためのアイテム

◘ ケージと床材、水入れ

　基本はベビー1匹につき一つのケージで、ヤングやアダルトとほぼ同様の飼育環境を用意します。ただ、床材についてはベビーはキッチンペーパーをおすすめします。ケージのサイズはヤングやアダルトよりも小さいケージで管理するのが一般的です。

03
クーリング

　ニシアフが分布している地域では、特に涼しい時期は温度が20℃ぐらいまで下がります。その時期になると、ニシアフは代謝が下がり、じっと暖かくなるのを待つ「休眠状態」に入ります。そして、暖かくなってから活動を再開し、「発情→繁殖」という流れで1年を過ごします。
　そのようなサイクルを飼育環境下でも再現するのが「**クーリング**」という工程です。具体的には**ケージ内の温度を一時的に低めに設定し、野生の生体が体験するような寒い時期を疑似体験させます**。そうすることで、発情のタイミングをそろえ、繁殖の成功率を高めることができます。

クーリングの流れ

　下の表は一般的な飼育環境下での繁殖の年間スケジュールです。ここではその中の、繁殖の初期に行うクーリングの流れを紹介します。

繁殖の年間スケジュール

	5月～10月	11月	12月	1月	2月	3月	4月
繁殖に関する内容	親個体の状態を上げる期間	①クーリング前準備 ②クーリング開始	クーリング中（休眠状態）	①クーリング解除 ②ペアリング	産卵開始（1回目）	産卵（2回目以降は2週間～1カ月間隔で3～5回）	ファーストクラッチが孵化し始める（産卵後2カ月前後）
飼育者がすること	しっかり餌を与える	①餌を抜く（クーリング前1週間～10日）②徐々に環境温度を下げていく	水は切らさないようにチェック	①徐々に温度を元に戻していく。戻ってから1週間程度から餌を与え始める ②餌を食べ出し状態が問題ない健康個体であればペアリングを開始する	①卵の管理 ②産後の親のケア（卵を産んでる期間はずっと）		孵化後のベビーの管理

◆①生体のコンディションを整える

　クーリングの前にはしっかりと餌を与え（内容やペースはいつも通り、もしくは量や頻度をやや多めにして餌あげを決して忘れないようにする）、親となる生体のコンディションを整えます。クーリングに要する期間は全体で1～2カ月になり、その間は一切、餌を与えません。ですので、クーリングに耐えられえる健康な状態に仕上げておく必要があります。特に体重は意識したほうがよく、いつもより少し重めになるのが理想です。逆にいつもより痩せているなど、コンディションがよくない個体をクーリングさせると体調を崩し、最悪の場合そのまま死んでしまう可能性があります。

②10日ほど前から餌を与えない

　クーリングの10日ほど前から餌を与えずに、ニシアフが口にするのは水だけで管理します。クーリングを開始する前日まで餌を与えると、まだ胃の中に餌が残った状態で温度が下がることになり、消化不良を起こして一気に体調を崩す危険性があります。

③徐々に温度を下げる

　クーリングをスタートしたら、1週間をかけて、管理温度を22〜23℃まで緩やかに下げていきます。一気に温度を下げることはニシアフにはかなりの負担になるのでNGです。なお、この期間を含め、ここで紹介している⑤までの期間では餌は与えず、水のみを与えます。

少しずつ温度を下げて、段階的に低い温度に慣れてもらう

④22〜23℃をキープ

　ケージ内の温度が22〜23℃の状態を1〜1.5カ月キープします。この期間がいわば休眠期間に該当します。できるだけ温度の変化が少なくなるように管理しましょう。

クーリング中は温度が不規則に変化するとニシアフに負担をかけてしまう

⑤徐々に温度を上げる

　1週間かけて、温度をもとの飼育環境までゆっくりと上げていきます。

温度を下げる時と同様に上げる時も段階的に調整していく

⑥少しずつ餌を与える

　もとの温度に戻して、1週間が経過したあたりから少しずつ餌を与えます。一般的に温度が戻ったからといって急に以前のように食べることはなく、また、もし急に大量に食べると体調を崩してしまう可能性があります。

温度を戻した1週間後あたりから無理を強いることなく少しずつ餌を与える

MEMO
クーリングの必要性

ニシアフの自宅での繁殖に必ずしもクーリングが必要というわけではありません。クーリングをしなくても繁殖に成功することはあります。ブリーダーの中でも、きちんとクーリングをする人がいれば、クーリングはせずに生体の状態を見極めて繁殖に臨む人もいます。

04
ペアリング

　オスとメスに交尾をしてもらうペアリングもいろいろな方法がありますが、どの方法にもオスとメスを一つのケージに入れることは共通しています。違いはその際の方法で、一般的には「**①どちらかの飼育環境に一緒に入れる**」「**②オスとメスの両方を普段のケージとは別のケージに移す**」という二つがあり、その後は交尾するかどうかを10分ほど観察します。
　注意が必要なのはオスとメスの相性が悪いケースで、この場合はケンカになってしまいます。飼い主が噛まれてしまうこともあるので、噛まれないように気を付けて、2匹を引き離します。

ペアリング時のニシアフの動き

　発情しているオスとメスを一つのケージに入れた場合の一般的な動きは次の通りです。

【ペアリング時の生体の動き】
①オスは尾の先端をブルブル振るわせ、メスに近づく。スンスンという鼻息に近い空気音を発しながら、メスのにおいをかぎ、尾や首元の皮を軽く噛む。この噛む行為はメスへのアピールである
②メスは準備ができていればおとなしくしている。やがて自ら尾を上げる
③ニシアフの交尾は右の写真のようなかたちである

一般的には交尾は10分ぐらいで終わることが多い

成功率を高めるための工夫

オスとメスの相性やオスのやる気などの問題により、交尾がうまくいかないケースもあります。特に初めて交尾に臨むオスや交尾が上手ではないオスは1回でうまくできないことが多いようです。そして、うまくいかないとメスが嫌気がさして拒否し始めることもあります。

スムーズに交尾へと進まない場合は、オスとメスの相性がケンカになるほど悪くなければ数日後に再チャレンジするという方法があります。

また、同様にケンカになるほど相性が悪くないのであれば、1～3日ほど一つのケージで同居生活を過ごしてもらうという選択肢もあります。ただし、この方法は飼育者が自分の目で交尾をしているところを確認できない可能性が高いため、メスのお腹が卵で膨らむまで、繁殖が成功したかどうかがわかりません。

MEMO 威嚇の可能性に要注意

交尾の際、メスは尾を上げます。また、威嚇の際も両足を伸ばして体を大きく見せながら尾をあげゆらゆらと振るので、交尾のポーズと威嚇を間違えないように注意が必要です。

なお、ニシアフは非常にかわいらしい容姿をしていますが、怒って他の個体に噛みつくと、その相手の表皮が剥けてしまうほどの威力があります。

◆より繁殖の成功の可能性を高める方法

繁殖を成功させるには交尾が上手なオスに活躍してもらうとスムーズです。ただしこれは、実際にペアリングしてみないとわかりません。

そこで、準備していたオスがうまく活躍してくれない場合を考慮して、2番手、3番手のオスを用意しておくと、より繁殖の成功率を高めることができます。

特に繁殖の実績があるオスがいると心強い

MEMO 追いがけ

他の生き物と同様に交尾をしたからといって、必ずメスが有精卵を産むとは限りません。そこで、交尾をしたことを確認したあとも、「念には念を」で1～2日後にもう一度同じ個体の組み合わせでペアリングをする飼育者もいます。この方法を、「追いがけ」といいます。

05 産卵までの管理

　交尾が終わり、メスが無事に受精していたら、交尾から1カ月〜1カ月半後に産卵します。

　その産卵までの間に飼育者がすること（気を付けたいこと）は「①産卵床の準備」「②メスのよいコンディションの維持」の二つです。

　「①産卵床の準備」の「産卵床」とはメスが卵を産む場所のことで、専用のものを別途準備するという方法もあります。

　「②メスのよいコンディションの維持」については餌、特にカルシウムを十分に摂取するように工夫します。

①産卵床の準備

　準備しておく産卵床にはいろいろなタイプがあります。

　例えば床材にデザートソイルを使用している場合は、いつもより厚め（3cmぐらい）にデザートソイルを敷き、乾燥しないように適度に湿らせておけば床材自体に卵を産みます。

　産卵床を別途準備する場合は、百円均一ショップなどで販売されている食品用のプラスチック製密封容器を使い、中に湿らせた水ごけを入れてケージ内に設置します。他にも爬虫類ショップやホームセンターで購入できる砂や赤玉土なども使えます。

　さまざまな産卵床の候補がありますが、試行錯誤して、産卵に臨む個体にとっていちばんよいものを見つけましょう。

産卵床の一例。この産卵床をケージ内に設置する

MEMO
産卵床が関係するトラブル

　飼育者が「ここに産んでほしい」と思って産卵床を準備しても、そこではないところに産卵するケースもあります。

　気を付けたいのは、乾燥した場所に産卵して、飼育者がそれに気付かずに数日放置してしまうことです。すると、卵の水分がなくなり、凹んで孵化できなくなることがあります。

②メスのよいコンディションの維持

　メスに健康なベビーが孵化する卵を産んでもらうには「①餌をしっかり与える」「②カルシウムをしっかり摂取させる」という二つを意識して管理します。

　特に卵の生成にはたくさんのカルシウムを要するので、餌にしっかりとカルシウムのサプリメントを添加します。あるいは小皿にカルシウムのサプリメントを盛ってケージに入れておくとニシアフが自分で舐めてカルシウムを摂取してくれます。

量や頻度は通常通りでOKで、生体が痩せないよう（体重が落ちないよう）に給餌のし忘れに気を付ける

カルシウムをしっかりダスティングする

🔶 産卵が近づくと…

　親となるメスは産卵する数日前からピタリと餌を食べなくなります。またやたらと飼育ケージ内の床材を掘るようになります。そうすると産卵間近です。できるだけこまめに観察しましょう。

　そして卵を見つけたら、できる限り早めに回収します。左ページのMEMOで紹介したように乾燥した場所に一定期間、放置すると孵化できないことがあります（例えば丸1日放置するのはNGである）。

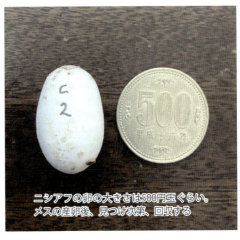

ニシアフの卵の大きさは500円玉ぐらい。メスの産卵後、見つけ次第、回収する

06 卵の管理

　ニシアフの卵は産み落とされてから一定時間が経過すると（諸説あるが一般的には数時間といわれている）、上下が決まってしまい、それをひっくり返すと、その後の卵内での成長がうまく進まなくなります。

　そのため、上下を変えないようにする必要があり、卵の上下がわかるように油性マジックなどで上部に印をつけてから、卵が乾燥する前に早めに回収します。

　回収した卵は専用の容器に入れて、温度と湿度を管理して孵化を待ちます。なお、ニシアフは卵が置かれている温度によって性別が決まります。

卵を入れる容器

　ニシアフの卵は専用の容器（自作も可能）に入れて、一定の温度内で管理します。必要に応じてインキュベーターか冷温庫などを利用するとよいでしょう。

◘ 卵を管理する容器

　種類は選びませんが、卵を管理する容器は食品用のプラスチック製密封容器か透明プラスチック製のカップが一般的です。その容器に1～2カ所の通気口を開けます。

　そして、中に湿らせた床材(バーミキュライトや赤玉土、水ゴケなどの一定の保水性があるもの)を敷きます。床材の深さは数cm（3cmあれば十分）で、その上に卵を半分ほど埋めるかたちで置きます。

卵の管理用の容器は自作できる

◘ 容器内の環境

　卵を管理する床材は一定の水分を含んでいることが基本です。ただし、あまりに湿りすぎていても床材にカビが生えるなどして、卵にダメージを与えてしまいます。感覚的な部分があり、言葉で表現するのは難しいのですが、床材に触った感じが「微かに湿っている」程度がよいでしょう。例としてバーミキュライトを使用する場合、バーミキュライトの重さと同じ量の水を加えるのがちょうどよいようです。また、適切な水分量を含んだ状態でパッケージングされている『ハッチライト』という爬虫類の卵孵化用床材も販売されているので、そちらを使用するのも選択肢の一つです。

卵の温度の管理

ニシアフのように卵を管理する温度によって性別が決まることを「TSD (Temperature-dependent Sex Determination)＝温度依存型性決定」といいます。基本的な卵の管理温度は27〜33℃ぐらいです。TSDを意識するなら、右の表のような温度で管理します。

ニシアフのTSD

温度	性別	注意点
30℃未満	メス	最低は27℃ぐらいとする
30〜32℃未満	オスメス混同	
32℃	オス	一時的に±0.1〜0.2℃程度なら問題ない
32℃より高め	メス	最高は33℃ぐらいとする

※『COCKTAIL SHOP』のデータより。温度維持の精度の問題もあるので、TSDは100%を保証できるものではなく、30%程度のズレが発生するものと考えるとよい

◖TSDの正確性

卵の管理温度によって性別を決めることができるのは、あくまで正確に温度管理できていた場合です。管理環境によっては誤差の影響で狙った性別が生まれない可能性もあります。爬虫類ショップでは「TSD♂」などの表記で小さいサイズのニシアフが販売されていることがありますが、オスとして購入したのに育ったらメスだったということもあります。また、特にベビーの性別にこだわりがない場合は親の生体を管理している飼育部屋が卵の基本管理温度帯であれば、そのまま親のケージの近くなどに置いての管理でも問題ありません。

孵化までの期間

孵化までの期間の目安は2カ月で、管理温度が高めの場合はそれよりも少し早め、低めの場合は遅めとなる傾向があります。例えば管理温度が28℃などと低めだと、2カ月半で孵化することもあります。

◖孵化しなかったら

2カ月経って孵化しなくても、卵自体が腐っていなければそのまま管理して様子を見ましょう。諦めた頃に孵化することもあります。

なお、2カ月を過ぎても孵化しない場合、卵を切って中を確認する方法もあり、それを「エッグカット」といいます。エッグカットには注意が必要で、エッグカットをした時に卵の中が孵化する準備が整ってない状態だった場合、その後うまく育たないケースがあります。焦らずにじっくり待つことも大切です。

MEMO
有精卵・無精卵の確認方法

有精卵・無精卵を確認する方法として「キャンドリング」があります。これは卵の下からライトを当てて、卵の中に血管があるかどうかを透かしてチェックする方法です。血管が見えたら有精卵、何も見えなかったら無精卵と判断できます。産卵直後の卵だとわかりにくいケースがあるので、数日経ってからチェックするとより確実です。

07 母親とベビーの管理

　ここでは産卵後のメスと孵化したあとのニシアフのベビーの管理のポイントを紹介します。
　産卵後のメスは食欲旺盛になるので、その要求に応えるかたちで**カルシウムのサプリメントを添加したコオロギを与えます。**
　また、ベビーの管理については、**基本的にベビーは生まれたら1匹につき1ケージで個別管理します**。孵化直後は栄養は足りているので、餌は孵化してから3〜4日が経過してから、小さいサイズ（Sサイズ）のコオロギを与えます。

産卵後のメスの管理

　ニシアフのメスは一度の交尾で、数回にわけて産卵します。そして、1回の産卵が終わると、産後のメスは産卵直前は餌を食べなかったのが嘘のように急に食欲が旺盛になります。産卵は豊富なカルシウムを要するため、しっかりとカルシウムを添加したコオロギを与えましょう。そうすることで次の産卵の際によい卵を産んでくれます。

産卵後のメスのケージ内の温度は通常通り、28〜32℃で管理する

1回目のクラッチ前と同様にカルシウムのサプリメントをしっかりと添加する

ベビーの管理

ベビーは孵化の1〜2日後に初めての脱皮(ファーストシェッド)をします。ですので、ベビーのケージ内の湿度は、一般的なニシアフにとっての適切な湿度(50%以上)よりも少し高めに保ってキープするとよいでしょう。

孵化の瞬間。孵化後3〜4日までは餌を与える必要はない

◆ベビーの床材

床材にデザートソイルを使用しても、誤飲による体調のトラブルの心配はほとんどありません。ただ、限りなくリスクをゼロにするためにベビーの床材はキッチンペーパーを使用すると安心です。そして、ある程度、成長したら(飼育者が誤飲の心配がないと判断したら)デザートソイルなどに切り替えます。

ベビーの飼育環境の一例。ペットボトルのキャップが水入れにちょうどよいサイズ&形状である

ケージ内の湿度はやや高めに保つ。ただし床材がビチャビチャになるほどの過度な湿度管理はNG

ベビーへの餌の与え方

　ニシアフのベビーは孵化後、3～4日が経過したら餌を食べ始めます。餌は生後1ヵ月程度までは週5～7回(毎日)のペースで、Sサイズのコオロギを一度に1～2匹ほど与えます。

　また、ベビーへの餌の与え方には「①ピンセットから与える」と「②置き餌もしくはばら撒き」があります。理想は「①ピンセットから与える」で、食べる準備が整っているベビーであれば、多くがこの方法で食べます。食べない場合は翌日に同じ方法でチャレンジしましょう（以降は毎日、繰り返します）。ただし、あまりに繰り返すと、それもニシアフのストレスになるので、一度にチャレンジする回数はほどほどに抑えます。

　なかには、それでは食べないベビーもいるので、その場合は「②置き餌もしくはばら撒き」を採用します。

◆①ピンセットから与える

　餌は冷凍コオロギでも生きたコオロギでもよく（サイズはSサイズ）、与え方は基本的には43ページで紹介した方法と同様です。

　食べない場合の工夫としては、ピンセットでコオロギの頭を潰す、あるいはちぎって体液を少し出して、その体液をベビーの口先に軽くつけるという方法があります。そうすると、体液を舐めたベビーが餌と認識して、多くの場合、口先のコオロギを食べてくれます。

食べなければコオロギの体液を口先に軽くつけるとよい（冷凍コオロギでも同様の工夫は可能）

◆②置き餌もしくはばら撒き

　置き餌やばら撒きの餌はSサイズの生きたコオロギで、基本的な与え方は44ページで紹介している置き餌、あるいはばら撒きと同じです。

　これらの方法は特にベビーの場合は食べ残しに注意が必要で、食べ残したものをそのまま置いておくと、ベビーにストレスを与えてしまったり、コオロギがベビーをかじる可能性があります。するとベビーはコオロギのことを嫌いになってしまいます。

　ケージに入れて数時間が経過したら確認し、コオロギが残っていたら回収しましょう。

ピンセットからでは食べなくても、置き餌だと食べるベビーもいる。やがてはピンセットに移行するにしても、ニシアフの飼育はグラジュアリー（段階的）がキーワードでもある

第5章
遺伝と様々なモルフ

01

遺伝とモルフ

　本章ではいろいろな色・模様のニシアフを写真とともに紹介します。これらは皆様の自宅での繁殖によって作出することもできます。

　繁殖にチャレンジする際にぜひ知っておきたいのが、ここで紹介するニシアフの「遺伝（遺伝子）」と「モルフ」の関係です。**ニシアフの色・模様の特徴は、一般的には「モルフ」という概念で分類されます。**モルフは、その特徴がその1匹の個体だけではなく、次の世代にも引き継がれます。そして、**そのモルフを決定するのが「遺伝子」です。**ニシアフのモルフはいくつかの遺伝形式によって決まります。

ニシアフの繁殖で知っておきたい遺伝形式

　まず、遺伝子の基本として、遺伝子は二つで1セットになっていて、一つは父親（オスのニシアフ）から、もう一つは母親（メスのニシアフ）からベビーへと引き継がれます。さまざまな遺伝形式のなかでも、特にニシアフの繁殖で重要なのは「共優性遺伝」「劣性遺伝」「多因性遺伝」です。

◇共優性遺伝

　端的に表現すると、ニシアフの共優性遺伝とは「遺伝子一つで見た目に現れる遺伝形式」のことです。ニシアフのシングルモルフ（74ページ）で遺伝形式が共優性遺伝なのは「ホワイトアウト」（86ページ）だけです。共優性遺伝は、基本的に両親ともに共優性遺伝の遺伝子を持つ親同士を掛け合わせた場合、1/4の確率で共優性遺伝の遺伝子を二つ持つベビーが生まれます。

　例えば父親がAという共優性遺伝の遺伝子を持っていて、母親が持ってない場合、父親からAという遺伝子がベビーに引き継がれる確率は1/2です。引き継いだベビーは遺伝子Aを一つしか持っていませんが、遺伝子Aの表現（特徴）が見た目に表れます（右ページの表1）。一方、母親も遺伝子Aを持っていると、1/4の確率で遺伝子Aを二つ持つベビーが生まれます（右ページの表2）。これをスーパー体といい、例えばレオパのモルフでは「スーパーマックスノー」がスーパー体です。ニシアフでは共優性遺伝は「ホワイトアウト」があり、こちらも二つそろえばスーパー体となるのですが、基本的には生まれて間もなく死んでしまうか、そもそも孵化しないので、現状は問題なく飼育可能なスーパー体は存在しません。

表1 共優性遺伝のベビーの遺伝子（通常の場合）

		母親からの遺伝子	
		x	x
父親からの遺伝子	A	**A x**	**A x**
	x	**x x**	**x x**

Ａxとxxの比率は1対1。すなわちＡの特徴は1/2で表れる

表2 共優性遺伝のベビーの遺伝子（スーパー体の場合）

		母親からの遺伝子	
		A	x
父親からの遺伝子	A	**A A**	**A x**
	x	**A x**	**x x**

ＡＡ、Ａx、xxの比率は1対2対1。すなわちＡＡの特徴のベビー（スーパー体）は1/4で表れるがニシアフの場合は健康には育たない

◆劣性遺伝

　劣性遺伝の特徴は遺伝子が二つそろうと見た目に表れます。一つしか劣性の遺伝子を持っていない状態はヘテロ(het)と表記されるのが一般的です（基本的に「het〜」の場合は見た目に表れない）。父親がbという劣性遺伝子を二つ持っていて、母親がbを一つしか持っていない場合は1/2の確率で、その特徴が見た目に表れます（右の表3）。

表3 劣性遺伝のベビーの遺伝子

		母親からの遺伝子	
		b	x
父親からの遺伝子	b	**b b**	**b x**
	b	**b b**	**b x**

ｂｂとｂxの比率は1対1。すなわちｂの特徴は1/2で表れる（ｂxの個体は「hetｂ」となる）

◆多因性遺伝

　共優性遺伝や劣性遺伝のように決まった確率ではなく、色・模様などのある特徴が出ている個体同士を掛け合わせることで、ベビーに高い確率でその特徴が表れることがあります。これを多因性遺伝(ポリジェネティック)といいます。さらに、その特徴が強いもの同士で繁殖するほど、その特徴が強く現れるようになります(これを選別交配という)。

MEMO
本書で紹介している情報

　ここでは自宅でのニシアフの繁殖に役立つ遺伝の基礎知識を、要点を絞って解説しています。なお、本書で紹介するのは2024年9月現在の情報に基づくもので、なかには他の説があるものや、今後、研究による新たな発見などにより、変更になる可能性もあります。また、用語や考え方は自宅で飼育する爬虫類の世界のものをベースにしていて、他のジャンルとは意味合いが異なるケースもあります（例えば「共優性遺伝」は人間の血液型を例にするものとは異なる）。もう一つ、最近は優性遺伝は顕性遺伝、劣性遺伝は潜性遺伝と表記することもありますが、本書では優性遺伝、劣性遺伝で統一しています。

02
遺伝の具体例

　68ページで紹介したようにニシアフの遺伝形式は「①共優性遺伝」「②劣性遺伝」「③多因性遺伝」があり、そこに2024年9月現在は未確定で複数の説があるものを加えると四つのタイプがあることになります。

　では、具体的には親となる個体の組み合わせにより、どのようなベビーが生まれるのでしょうか。ここでは組み合わせの代表的な例として、遺伝形式別に「①劣性遺伝×劣性遺伝」「②共優性遺伝×劣性遺伝」という二つの組み合わせを紹介します。ベビーの入手したいモルフが決まっている場合は、こちらを参考に繁殖にチャレンジするとよいでしょう。

遺伝形式別のモルフの一覧

　遺伝形式別にニシアフのモルフをまとめると下の表のようになります。

遺伝形式別のニシアフのモルフ一覧　※（ ）は本書掲載ページ

遺伝形式	モルフ
共優性遺伝	ホワイトアウト（86ページ）
劣性遺伝	アメル（82ページ）、キャラメル（84ページ）、オレオ（90ページ）、パターンレス（92ページ）、ズールー（94ページ）、ゴースト（96ページ）
多因性遺伝	アベラント（78ページ）、グラナイト（80ページ）、5 band（102ページ）
複数の説があるモルフ	ゼロ（98ページ）、スティンガー（100ページ）

※モルフの定義は時代により有力説が変わることがある。本書では2024年9月時点での主流な意見に基づくものを掲載している
※ゼロとスティンガーは作出元により諸説あり、定義が明確には定まっていない

MEMO
ニシアフのLINE

　ニシアフのモルフが関係するものとして、「LINE（ライン）」という言葉があります。これはブランドのようなもので、あるブリーダーが、ある決まった特徴を持つ個体同士を長い年月にわたって交配し、その特徴を一定水準で固定化したものです。他のブリーダーではその特徴が強く現れる個体を作り出すのが難しい(すぐには作れない)ので、そのブリーダーが作出しているものを購入するしかない状況が生まれます。例えばオレンジ色が濃い「アメル」同士の選別交配を繰り返した、かなり濃いオレンジ色の「CK LINE のアメル」(本書協力の『COCKTAIL SHOP』のLINE)などが存在します。

遺伝の具体例① 劣性遺伝×劣性遺伝

　ここでは父親が「キャラメルズールー」、母親が「ズールーhetキャラメル」という劣性遺伝同士の組み合わせを紹介します。なお、モルフの特徴を決定する遺伝子は今回は一つではなく、「キャラメル」と「ズールー」の2種類が存在します。 また、どちらも劣性遺伝なのでそれぞれ二つの遺伝子がそろわないと見た目には表れません。

「キャラメル」のベビーへの遺伝

		母親からの遺伝子 （hetなので遺伝子は一つ）	
		c	x
父親からの遺伝子	c	C C	C X
父親からの遺伝子	c	C C	C X

※ c は「キャラメル」の遺伝子を表す

「ズールー」のベビーへの遺伝

		母親からの遺伝子	
		z	z
父親からの遺伝子	z	Z Z	Z Z
父親からの遺伝子	z	Z Z	Z Z

※ z は「ズールー」の遺伝子を表す

　「キャラメル」については「キャラメル」と「hetキャラメル」の比率は1：1。
　「ズールー」については100％でズールー。
　結果として、父親が「キャラメルズールー」、母親が「ズールーhetキャラメル」という劣性遺伝同士の組み合わせは「キャラメルズールー」と「ズールーhetキャラメル」のベビーが割合は1：1。つまり、それぞれ50％の確率で生まれます。

MEMO
ポッシブル ヘテロ （pos het）

　劣性遺伝は二つの遺伝子がそろわないと、その特徴が外見に表れないため、繁殖の考え方が少し複雑になります。
　上の例では、ベビーについて「ズールーhetキャラメル」だけにフォーカスすると、キャラメルの特徴が表現されていなくても、すべてのベビーがキャラメルの遺伝子を持っていることになります（表記は「hetキャラメル」となります）。
　一方、73ページの右の例の「オスメスともにhetゴースト」では、ベビーについて「ノーマル」の個体（この例では遺伝子が g x あるいは x x）だけにフォーカスすると 2/3（約66％）が「hetゴースト」です。この場合ノーマルに関しては「pos het（ポッシブル ヘテロ）」という表記をします。具体的には「ノーマル pos 66％ het ゴースト」あるいは「ノーマル 66％ het ゴースト」と表記し、「hetゴースト」である確率は66％となります。

遺伝の具体例② 共優性遺伝×劣性遺伝

　ここでは父親が「ホワイトアウトアメル」、母親が「アメル」という、共優性遺伝と劣性遺伝の組み合わせを紹介します。

　なお、この例では「ホワイトアウト」が共優性遺伝ですが、「ホワイトアウト」は二つそろうとスーパー体になり、健康には育たないので、基本的にはオスメスの両方に「ホワイトアウト」の遺伝子が入っている組み合わせはNGとされています。

「ホワイトアウト」のベビーへの遺伝

		母親からの遺伝子	
		x	x
父親からの遺伝子	W	W x	W x
	x	x x	x x

※Wは「ホワイトアウト」の遺伝子を表す

「アメル」のベビーへの遺伝

		母親からの遺伝子	
		a	a
父親からの遺伝子	a	a a	a a
	a	a a	a a

※aは「アメル」の遺伝子を表す

　「ホワイトアウト」については「ホワイトアウト」とノーマルの比率は1：1。
　「アメル」については100％で「アメル」。
　結果として、父親が「ホワイトアウトアメル」、母親が「アメル」という組み合わせでは「ホワイトアウトアメル」と「アメル」が生まれてくる比率は1：1、つまり、それぞれ50％の確率で生まれます。

03
繁殖に臨む成体のNG例

　繁殖に臨むニシアフのモルフやモルフの組み合わせには、孵化しない、あるいは孵化しても健康に育たない可能性が高いという理由からNGとなっているものがあります。

　2024年9月時点では「①ホワイトアウト同士」「②メスのゴースト」「③メスのキャラメル」が繁殖には推奨されていません。

　このうち「①ホワイトアウト同士」については、68ページで紹介したように、1/4の確率でスーパー体が生まれてしまうからで、この問題の対策としては両親のどちらかのみを「ホワイトアウト」とします。

NG例の対策

　「②メスのゴースト」「③メスのキャラメル」がNGとなっていることへの対策としては、それぞれメスはヘテロの「hetゴースト」「hetキャラメル」を用意します。前者を表で示すと下の通り。これで健康な「ゴースト」のベビーが期待できます。

「ゴースト」のベビーが欲しい場合のOK例①
オスが「ゴースト」×メスが「het ゴースト」

		母親からの遺伝子	
		g	x
父親からの遺伝子	g	g g	g x
	g	g g	g x

※gは「ゴースト」の遺伝子を表す

「ゴースト」のベビーが欲しい場合のOK例②
オスメスともに「het ゴースト」

		母親からの遺伝子	
		g	x
父親からの遺伝子	g	g g	g x
	x	g x	x x

※gは「ゴースト」の遺伝子を表す

　「hetゴースト」は見た目はノーマルです。

　父親が「ゴースト」、母親が「hetゴースト」は「ゴースト」と「hetゴースト」の比率は1：1。

　父母ともに「hetゴースト」は「ゴースト」「hetゴースト」「ノーマル」は1：2：1の割合でベビーが生まれます。なお、この場合、「hetゴースト」と「ノーマル」はどちらも見た目はノーマルなので、ノーマルはすべて「66% hetゴースト」と表記します。

04 シングルモルフ

　次の見開きからは写真とともに、ニシアフのいろいろなモルフを紹介します。

　ニシアフには個体によって、さまざまな特徴がありますが、「地の色がオレンジである」「背中の模様が鋭く尖ったかたちをしている」など、ある一つの特徴にフォーカスしたものを「シングルモルフ」と呼びます（「単一モルフ」と表記されることもある）。**本書では13種のシングルモルフを紹介していて、これはニシアフのシングルモルフのすべてです**（2024年9月現在の主流となっている説に基づく）。

図鑑ページの見方

　76ページからはシングルモルフを図鑑のように写真とともに紹介していて、次のような要素で構成されています。

❶ **モルフ名**
そのページで紹介しているモルフの名前。爬虫類の世界で広く親しまれている名前で、正式名称や別称は（　）内で表記している

❷ **遺伝形式**
そのモルフの遺伝形式。遺伝形式の内容は68ページ〜を参照のこと

❸ **モルフの写真**
2点の写真が隙間なく、つながっている場合、その2点は同じ個体を別のアングルで撮影したものである

❹ **モルフの遺伝**
そこで紹介しているモルフの遺伝の説明。なお、モルフの組み合わせは、そこで紹介しているモルフを作出することに主眼を置いていて、「ノーマル」と表記されているモルフは「ノーマル」はもちろん、他のモルフでもよい

ニシアフの見た目やモルフ、遺伝に関する用語

具体的にモルフを紹介する前に、ここで、あらためてニシアフのモルフや遺伝に関する用語を整理します（これまでに本書に掲載した用語も含む）。

■アルビノ
生まれつき、遺伝的要因により、メラニン色素が欠乏した個体。爬虫類以外でも、ほとんどの動物に見られる。ニシアフのモルフでは「アメル」と「キャラメル」がアルビノに該当する

■固定
ある特徴が次の世代へと確実に引き継がれる状態のこと

■スーパー体
遺伝形式は共優性遺伝で、二つの優性遺伝の遺伝子を持つ個体のこと。例えば「スーパーゼロ」など、モルフごとに「スーパー（モルフ名）」というかたちで表記されることも多い。ただしゼロのスーパー体については諸説ある（98ページ）

■ストライプ
模様を表す言葉で、頭から背中、尾に向けて入る直線状の白い1本の線のこと。一般的にはストライプの遺伝形式は優性遺伝といわれている

■選別交配
ある特徴について、次の世代にその特徴が表れることを目的に、オスメスともにその特徴が強く出ている個体を選んで（選別して）交配すること

■バンド模様
肩や腰などに入る帯状の模様のこと。バンド模様の遺伝形式は劣性遺伝といわれている。なお、すべてのニシアフの個体に対して、「ストライプ」と「バンド模様」の表現が存在するので、この二つはモルフとしては分類されていない

■表現
特徴が外見に表れることを爬虫類の世界では「表現」や「表現型」という。例えば「グラナイト表現」はシングルモルフの「グラナイト」の特徴が外見に表れていることを示す

■ヘテロ
遺伝に関する用語。ポイントは劣性遺伝の遺伝子は二つそろうと外見に表れるが、一つしかないと表れないこと。これがヘテロの状態であり、例えばニシアフのモルフでは「ノーマルhetゴースト」と表記された場合はゴーストの遺伝子が一つだけの状態で、見た目は「ノーマル」である

■LINE（ライン）
爬虫類の世界では「系統」もしくは「ブランド」と似た意味合いで使用される。あるブリーダーが、ある決まった特徴を持つ個体同士を長い年月に渡って選別交配し、その特徴を一定水準で固定化したもの。一般的には「CK LINE」のように「（ブリーダー名）LINE」で表記される

ストライプ

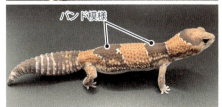
バンド模様

シングルモルフ

ノーマル【-】

ノーマル（WC・トーゴ産）

「ノーマル」の特徴

　野生環境下にいるのが、この「ノーマル」です。現在、国内で購入できる個体は、大きくはWC（Wild Caught／野生採取の個体）とCB（Captive Bred／飼育環境下で繁殖された個体）の二つにわけられます。
　上の写真のように全体としては茶色系で、淡い茶色のベースに濃い茶色のバンド模様が入ります。ただ、一口に「ノーマル」といっても、模様こそ大きな差はないものの、色味は個体差があります。濃いオレンジ、薄い黄色、茶色、焦げ茶など、多くのカラーバリエーションが存在します。そのため、異なる色味の「ノーマル」だけを集めるマニアもいます。結局のところ、「ノーマル」でも十分にかわいく、魅力的なので、まずはノーマルからニシアフの飼育をスタートするのもよいでしょう。
　また、WC個体には丸みを帯びた再生尾が多い傾向があります。

「ノーマル」の遺伝

　「ノーマル」は繁殖で意識したい遺伝形式はありません。
　なお、一般的には遺伝形式のヘテロは見た目に影響を与えませんが、ニシアフに関しては比較的影響を与えているようです。ヘテロの影響で色味や模様に幅が出ている可能性があります。

「ノーマル」のパターン

ノーマル(CB・日本産)

ノーマル(WC・産地不明/オレオに似たカラー)/ストライプ/再生尾)

WCの可能性

　WC個体には少し変わった色や模様の個体もいて、その中から、これまでにはない表現型の新しいモルフが生まれる可能性もあります。

　ただし、その確率はとても低く、その表現型が次代に引き継がれるように固定化するには想像を絶する年月がかかります。そもそも昨今、国内のWC個体の流通量は減少傾向にあります。

　それでも、個性的なモルフの繁殖を目指す飼育者にとってはWC個体の「ノーマル」にも新しいモルフを生み出す可能性があるというのは、夢がある話です。

MEMO 爬虫類ショップの表記

　ニシアフはよく「ノーマル♂(トーゴWC)」や「ノーマル♀(香港CB)」と表記されます。これは「モルフ名・オスメス・国名・その個体の由来」を表し、前者は「ノーマル」で、トーゴで採集されたオスのWC個体。一方、後者は「ノーマル」で、香港で作出されたメスのCB個体ということになります。

第5章 遺伝と様々なモルフ[シングルモルフ]ノーマル

シングルモルフ

アベラント【多因性遺伝】

アベラント
(腰のバンド模様が「小の字」のタイプ)

「アベラント」の特徴

　「アベラント」は模様に特徴があるモルフです。「ノーマル」(76ページ)と比較するとよくわかりますが、「アベラント」は腰のバンド模様が分裂するように乱れています。バンドが二つにわかれるもの(かたちは左右非対称)か、三つにわかれるもの(漢字の「小」の字のようなわかれ方)が大半です。

「アベラント」の遺伝

　「アベラント」は多因性遺伝なので選別交配で作出する必要があります。親がアベラント表現であればベビーに「アベラント」が出現する確率は、親がそうでない場合と比較して高くなります。そのため、両親に「アベラント」を選ぶのが「アベラント」を作出する一番の近道です。
　また、例外として、「ホワイトアウト」が入ると「アベラント」が出やすい傾向がありますが、その理由はまだ判明していません。

「アベラント」のパターン

アメルのアベラント表現（左右非対称）

アメルのアベラント表現
(腰のバンド模様が「小の字」のタイプ)

ホワイトアウトのアベラント表現

シングルモルフ

グラナイト（グラニット）
【多因性遺伝】

ノーマルのグラナイト表現（産地不明のＷＣ／オレオに似たカラー／再生尾）

「グラナイト」の特徴

　「グラナイト」の英語表記は「granite」で、その読み方の違いで「グラニット」とも呼ばれます。「granite」は、もともとは花崗岩（かこうがん）という岩の名前です。花崗岩は御影石（みかげいし）とも呼ばれる美しい岩で墓石などの石材として使われます。
　ニシアフのモルフの「グラナイト」の特徴は模様で、模様がその花崗岩に似ています。バンド模様以外の部分に細かい斑紋が現れます。
　比較的ＷＣ個体に多い傾向があったのですが、最近はＣＢ個体でも、「グラナイト」の特徴を持つ個体を見かけます。

「グラナイト」の遺伝

　「アベラント」（78ページ）と同様に選別交配で作出していく必要があります。「グラナイト」の特徴が顕著な個体同士をペアリングすることで、より「グラナイト」の特徴が出やすくなります。

「グラナイト」のパターン

ホワイトアウトオレオのグラナイト表現

第5章 遺伝と様々なモルフ[シングルモルフ]グラナイト(グラニット)

シングルモルフ

アメル（アメラニスティックアルビノ）
【劣性遺伝】

アメル

「アメル」の特徴

アメルの眼

　本モルフの英語表記は「Amelanistic albino（アメラニスティックアルビノ）」です。そちらを省略して「アメルアルビノ」、最近はさらに略して「アメル」と呼ばれることが主流となってきました。モルフ名の通りアルビノですが、ニシアフはT＋アルビノなので真っ赤な眼ではなく、深い赤紫色をしています。視力はそこまで悪くはありませんが、アルビノではないモルフに比べると光に弱く、眼をつぶりやすい傾向があります。

　「ノーマル」（76ページ）と比較すると、「ノーマル」では濃い茶色のバンド模様は「アメルアルビノ」ではグレー〜白色です。また、地の色は濃淡の個体差はあるものの基本的にはオレンジ色をしています。

　濃いオレンジ色の個体は作出者の主観で「タンジェリンアメル」と呼ぶこともあります。なかにはオレンジ色が濃い「アメル」を長い年月をかけて選別交配し、目が覚めるほどの鮮やかなオレンジ色をした「アメル」も作出されていて、ブリーダーのＬＩＮＥとして流通しています。その代表的な例は韓国のブリーダー＆ショップ『COCKTAIL SHOP』の「CK LINE アメル」です。

「アメル」のパターン

アメル（CK LINE）

アメル（CK LINE）／
ストライプ

「アメル」の遺伝

　劣性遺伝なので「アメル」を出すには次の組み合わせが必要です。また、ブリーダーが選別交配して作出しているLINEの個体はそのLINEの個体同士をかけることをおすすめします。他の血統の「アメル」と組み合わせてもよいのですが、長年かけて固定化してきた色味などが薄れる可能性があります。

【「アメル」が生まれる組み合わせ】
- 100%の確率で出現／「アメル」×「アメル」
- 50%の確率で出現　／「アメル」×「ノーマルhetアメル」
- 25%の確率で出現／「ノーマルhetアメル」×「ノーマルhetアメル」

MEMO
ニシアフのアルビノと眼の色

　アルビノには「T＋（ティープラス）アルビノ」と「T-（ティーマイナス）アルビノ」がいます。このTはメラニン色素を生成する酵素・チロシナーゼを表しています。T-アルビノはチロシナーゼがないので真っ赤な眼になり、T＋アルビノはチロシナーゼがあるので真っ赤な眼にはなりません。

シングルモルフ

キャラメル（キャラメルアルビノ）
【劣性遺伝】

キャラメル／ストライプ

「キャラメル」の特徴

　「キャラメルアルビノ」は82ページの「アメル」とは作出元が異なる第二のアルビノです。略して「キャラメル」とよく呼ばれます。
　「アメル」の地の色がオレンジ色なのに対して、「キャラメル」は名前の通り、キャラメルのような優しい色で、バンド模様はミルクティーのような淡い茶色をしています。
　レオパにも「トレンパー」「ベル」「レインウォーター」という3種類のアルビノがいますが、それらが一個体に同時に発現することはありません。それがニシアフは、2種類のアルビノが一個体に同時に発現することができ、「キャラメルアメル（通称：ラキビノ）」と呼ばれるモルフが存在します（120ページ）。

「キャラメル」のパターン

キャラメル／ストライプ／ベビー

キャラメル

キャラメル／ベビー

「キャラメル」の遺伝

　「アメル」との遺伝子上の関係はなく、それぞれで独立した遺伝子です。したがって、「アメル」と「キャラメル」の組み合わせで生まれてくるベビーはすべて「ノーマルhetキャラメルアメル」です。

　また「キャラメル」の繁殖には注意点があり、メスの「キャラメル」の繁殖の成功率は他のモルフと比べてかなり低い傾向があります。2024年9月時点ではメスの「キャラメル」は基本的には繁殖に適さないとされています。

　劣性遺伝なので「キャラメル」を出すには次の組み合わせが必要です。

【「キャラメル」が生まれる組み合わせ】
- 50％の確率で出現　／「キャラメル」♂×「ノーマルhetキャラメル」♀
- 25％の確率で出現　／「ノーマルhetキャラメル」♂×「ノーマルhetキャラメル」♀
- 非推奨／「キャラメル」同士

シングルモルフ

ホワイトアウト(WO)
【共優性遺伝】

ホワイトアウト
(アベラント表現)

「ホワイトアウト」の特徴

　英語の表記は「White Out」で、それを略してよく「WO」とも表記されます（ここでも以降は「WO」と表記する）。
　「ノーマル」（76ページ）に比べ、地の色が白色に近く、模様も定番のバンド模様ではなく、不規則です。個体差が大きく、地が明るい白色の個体がいれば、少しオレンジ色がかった個体もいて、そこに不規則な柄の違いも加わります。ある程度のパターンはあるものの、まったく同じ個体はほとんどいません。唯一無二のお気に入りの1匹を見つけるにはもってこいのモルフです。

「ホワイトアウト」の遺伝

　「WO」の遺伝形式は共優性遺伝で、親のどちらかに「WO」がいれば、1/2の確率で「WO」のベビーが生まれます。また、「WO」同士の組み合わせは推奨されていません。
　劣性遺伝の「オレオ」と組み合わさると、より白色がはっきりし、尾は青色〜灰色のグラデーションが発現。106ページの中段の個体のように非常に美しい表現になります。

【「WO」が生まれる組み合わせ】
- 50％の確率で出現／WO × その他の「WO」を含まないモルフ

※「WO」同士も50％の確率で出現するが、25％の確率で致死のスーパー体が出現するので推奨されていない

「ホワイトアウト」のパターン

ホワイトアウト／ストライプ

ホワイトアウト（アベラント表現）

MEMO
「WO」の眼と頭の模様

基本的にニシアフの眼は黒色ですが、遺伝子に「WO」が入るモルフは一定の割合で眼が銀眼になります。またストライプが入る個体の中には頭部の模様がうさぎの耳のように見える個体がいて、「うさ耳ちゃん」などの愛称で人気となっています。

銀眼の個体

頭の模様がうさぎの耳に見えるパターン

シングルモルフ

「ホワイトアウト」のパターン

ホワイトアウト／ストライプ／オレンジが濃い個体

ホワイトアウト／アベラント表現でオレンジが濃い個体

ホワイトアウト／アベラント表現かつ変わった模様

ホワイトアウト／ストライプ／ストライプのハッキリした白がサイドにまで広がっている変わった個体

シングルモルフ

第5章 遺伝と様々なモルフ［シングルモルフ］ホワイトアウト（WO）

ホワイトアウト／アベラント表現かつグラナイトのような特徴を持つ個体

ホワイトアウト／ベビー／白い地の割合が多い個体

ホワイトアウト／ストライプ／ベビー／オレンジが濃い個体

ホワイトアウト／ポピュラーなパターンの個体

シングルモルフ

オレオ【劣性遺伝】

オレオ／ストライプ

「オレオ」の特徴

　他の爬虫類にも見られる「アザンティック(黄色色素欠乏)」のモルフで、個体差はあるものの、くすんだ白色の地に、薄茶色のバンド模様の個体が多い傾向があります。
　同じ劣性遺伝の「パターンレス」と組み合わさった「オレオパターンレス」はより個体差が大きくなります。「オレオパターンレス」の多くは「パターンレス」の影響で、バンド模様がなくなるのは共通していますが、くすんだ白色の地に茶色い模様がまばらにうっすら入ります。ただ、稀にほとんどくすみのないパールホワイト一色の美しい個体や、ほとんど茶色一色のダークカラー寄りのベビーも生まれます（107ページ）。

「オレオ」の遺伝

　劣性遺伝なので「オレオ」を出すには次の組み合わせが必要です。

【「オレオ」が生まれる組み合わせ】
- 100%の確率で出現／「オレオ」×「オレオ」
- 50%の確率で出現／「オレオ」×「ノーマルhetオレオ」
- 25%の確率で出現／「ノーマルhetオレオ」×「ノーマルhetオレオ」

「オレオ」のパターン

オレオ／ベビー

オレオ／ベビー

オレオ／ストライプ／ベビー

少し変わった模様のオレオ

シングルモルフ

パターンレス【劣性遺伝】

パターンレス／ストライプ

「パターンレス」の特徴

「パターンレス」というモルフ名の通り、バンド模様が消失し、基本的にはパターンがない、茶色一色のモルフです。ただし、個体差で、斑点が出たり（斑点の大きさはさまざま）、両方の体側に断続的な濃い茶色のラインが入る個体もいます。

また、het(ヘテロ)の影響なのか、かなりオレンジ色に近い色の個体もいて、色の明暗の個体差が大きいモルフです。

「パターンレス」の遺伝

劣性遺伝なので「パターンレス」を出すには次の組み合わせが必要です。

【「パターンレス」が生まれる組み合わせ】
- 100%の確率で出現／「パターンレス」×「パターンレス」
- 50%の確率で出現／「パターンレス」×「ノーマルhetパターンレス」
- 25%の確率で出現／「ノーマルhetパターンレス」×「ノーマルhetパターンレス」

「パターンレス」のパターン

パターンレス

パターンレス／ベビー

パターンレス／ベビー

シングルモルフ

ズールー【劣性遺伝】

ズールー

「ズールー」の特徴

　「ズールー」というモルフ名は生体の模様が、アフリカの部族「Zulu族」が作る伝統的な織物の模様に似ていることに由来するといわれています。

　個体の色・模様に大きく作用するモルフで、「ノーマル」（76ページ）のバンド模様とは大きく異なります。後頭部あたりの「Yの字」の模様から始まり、肩には台形のような模様、腰には矢尻模様が発現し、基本的にこれらは茶色の縞で繋がっています。これが「ズールー」の基本的なパターンですが、この表現には大きな幅があり、肩の台形模様と腰の矢尻模様が繋がらずに腰の矢尻模様が離れ小島のように独立したパターンや、繋がってはいるものの腰の矢尻模様がなくなり、ただの真っ直ぐな線状模様になるパターンもいます。また、矢尻模様だけを見ても、鋭く尖っている個体、反対に丸みのあるものなど、多様です。その多様性が多くの飼育者を惹きつける魅力となっています。

　もう一つ、すべての個体に完全に発現するわけではありませんが、手首にリストバンドのような白い模様が現れたり、腹部の鱗の一部が透明になり透けているように見える個体も多くいます。

「ズールー」のパターン

ズールー／ストライプ

ズールー（「ゼロ」(98ページ)に似た模様のタイプ）／ストライプ

MEMO
「ズールー」のいろいろなパターン

「ズールー」の模様を真上から撮影した写真で比較してみましょう（下の写真は模様に影響を与えない他のモルフも合わさった個体も含む）。

それぞれの特徴を端的に表現すると次の通り。
「①よく見かける通常のパターン」「②模様のエッジが鋭いパターン」「③背中の模様がぎりぎり繋がっているパターン」「④背中の模様が分離しているパターン」「⑤背中の模様が分離していて模様のエッジが丸みを帯びているパターン」「⑥背中の模様が剣のように直線のパターン」「⑦ストライプが入ったパターン」

「ズールー」の遺伝

劣性遺伝なので「ズールー」を出すには次の組み合わせが必要です。

【「ズールー」が生まれる組み合わせ】
- 100％の確率で出現／「ズールー」×「ズールー」
- 50％の確率で出現／「ズールー」×「ノーマルhetズールー」
- 25％の確率で出現／「ノーマルhetズールー」×「ノーマルhetズールー」

シングルモルフ

ゴースト【劣性遺伝】

ゴースト

「ゴースト」の特徴

　全体的に脱皮前のような、うっすらと白いフィルターがかかったようなぼんやりとした色味をしています。バンド模様は薄紫がかったグレーです。その幻想的な雰囲気は「ゴースト」という名前にぴったりです。ニシアフの中では1番といってよいほど人気が高いモルフです。

「ゴースト」のパターン

ゴースト

ゴースト／ストライプ／ベビー

「ゴースト」の遺伝

　「キャラメル」（84ページ）と同様にペアリングに注意点があり、「ゴースト」のメスも繁殖の成功率がかなり低い傾向があります。2024年9月現在では基本的にメスの「ゴースト」は繁殖に適さないとされています。

　劣性遺伝なので「ゴースト」を出すには次の組み合わせが必要です。

【「ゴースト」が生まれる組み合わせ】
※メスの「ゴースト」は繁殖に向かないため、メスは「hetゴースト」を選ぶことを前提とした場合
- 50%の確率で出現／「ゴースト」♂×「ノーマルhetゴースト」♀
- 25%の確率で出現／「ノーマルhetゴースト」♂×「ノーマルhetゴースト」♀
- 非推奨／♂♀ともにゴーストの組み合わせ

シングルモルフ

ゼロ【一】

ゼロ

「ゼロ」の特徴

　ストライプが必ず入っているモルフで、ストライプが入っていないと「ゼロ」とは呼びません。本来であれば、首〜肩あたりと腰あたりの2カ所にバンド模様がありますが、「ゼロ」は、その2カ所のバンド模様が背中側で繋がってバンド模様の色で塗りつぶしたようになります。

「ゼロ」の遺伝

　「ゼロ」や「ゼロ」同士の交配で生まれた「スーパーゼロ」は2024年9月時点ではまだ定義が明確に定まっていないモルフで、諸説あります。なお、「ゼロ」と「スティンガー」（100ページ）は定義については同じ状況で、以降の話は「スティンガー」にもあてはまります。ゼロの定義の諸説の中でも有力なものが二つあり、これらは作出元と作出プロセスから定義が異なります。つまり大きくわけて「2パターンのゼロが混在」しているようです。それは「①不完全な共優性遺伝」と「②劣性遺伝＋多因性遺伝」という説です。
　「①不完全な共優性遺伝」は共優性遺伝なので、ゼロ同士を交配すると1/4の確率でスーパーゼロが生まれます。ただし、見た目は右ページの「MEMO」の写真のようにパターンレスとよく似ています。なぜ「不完全な共優性」かというと、本来は共優性であれば「スーパーゼロ」と「ノーマル」を交配した場合、そのベビーはすべて「ゼロ」の表現が出てくるはずです。しかし、実際は、通常のノーマル表現も生まれます。

これは「ゼロ」がパターンモルフ(模様に影響を与えるモルフ)で、そのパターンの表現にかなりの幅があることに起因すると考えられています。「ゼロ」の遺伝子なのですが「限りなくノーマルに近い見た目の個体も生まれる」という結果を招き、共優性遺伝を疑う、もしくは「不完全」と言わざるを得ない状況にあるということです。

　もう一つの「②劣性遺伝+多因性遺伝」説では、「ゼロ」は劣性遺伝の「パターンレス」と似た遺伝子(互換性がある遺伝子)と考えられます。この説では、『「ゼロ」≒「hetパターンレス」』で、それらが組み合わさってホモ体(遺伝子が二つ揃った状態)となった時に、見た目はほとんど「パターンレス」の「スーパーゼロ」になります。これは「パターンレス」と「ノーマル」を交配したベビー(hetパターンレス)からもゼロの表現が一定の割合で出てくることにも裏付けられていて、現時点で「ゼロ=hetパターンレスである」と断言するブリーダーも一定数います。

　ただ、難しいのはあくまでも一定の割合で生じることがあることから、ただの劣性遺伝子ではなく、そこに「何かしらの因子が一定の割合で組み合わさった場合に生じるもの」とも考えられていることで、そのために「劣性遺伝+多因性遺伝」説とされています。

　現在は、この二つの説に基づくゼロが混在していて、目の前の個体がどちらであるのかを正確に見極めることは限りなく不可能に近い状況です。

　シンプルに「ゼロ」を作出したければ、「ゼロ」同士を交配する選別交配を意識して、繁殖に臨むとよいでしょう。今後はどのように定義づけされ、どのような道を辿るのか……。「ゼロ」、そして「スティンガー」は特に注目度が高いモルフです。

MEMO
「スーパーゼロ」と「パターンレス」

　ゼロの遺伝は諸説ありますが、どの説にも共通しているのは「スーパーゼロ」の見た目は限りなく「パターンレス」に似ているということです。下は「アメル」が入った「スーパーゼロ」と「パターンレス」のベビーの写真ですが、その見た目はほとんど違いがありません。この事実が上で説明した説の中でも「②劣性遺伝+多因性遺伝」のほうが2024年9月時点では強く支持されている理由になっているようです。

スーパーゼロアメル(CK LINE)／ベビー

アメルパターンレス

シングルモルフ

スティンガー【−】

スティンガー

「スティンガー」の特徴

　「スティンガー」の語源は英語の「stinger」です。「stinger」にはいくつか意味がありますが、その一つが「（主として毒を持つ昆虫や動物の）針」という意味です。本モルフは腰のバンド模様が尾に向かって針のように鋭く尖ったかたちをしています。このように一般的にはストライプがなく、針のようなバンド模様がある個体を「スティンガー」と呼びます。

「スティンガー」の遺伝

　「スティンガー」の遺伝定義については、状況が「ゼロ」（98ページ）によく似ています。「ゼロ」と同様に2024年9月現在は定義が正確には定まっていません。遺伝形式については「劣性遺伝＋多因性遺伝」が有力のようですが、まだ議論の余地がある状況です。また、「スーパースティンガー」が「パターンレス」とよく似ているのも「スーパーゼロ」と共通しています。

　そのような少し難しい定義の話は別として、「スティンガー」の作出については、「スティンガー」同士を交配する選別交配が近道です。

「スティンガー」のパターン

ゴーストスティンガー

タンジェリンゴーストスティンガー

MEMO
「スーパースティンガー」と「パターンレス」

「スーパーゼロ」と同様に「スーパースティンガー」も「パターンレス」と外見はよく似ています。

オレオスーパースティンガー／ベビー

オレオパターンレス／ベビー

> シングルモルフ

5band(ファイブバンド)
【多因性遺伝】

第1世代ノーマルの5band

第1世代ノーマルの5band（左の写真とは別個体）

第3〜4世代CK LINE タンジェリンアメルの5 band

「5band」の特徴

　ニシアフのバンド模様は頭、肩、腰と大きくわけて3本が入ることが多いのですが、「5band」は肩と腰のバンド模様の色がそれぞれの中心部分に向けて薄くなり、最終的には地の色と同じになります。結果として、<u>頭1本・肩2本・腰2本の計5本のバンド模様となるモルフ</u>です。

　その歴史は2017年に本書協力の韓国のブリーダー&ショップ『COCKTAIL SHOP』で5本のバンド模様を持つ、3匹の個体が発見されたことに始まります。それ以降、慎重に、『COCKTAIL SHOP』でその特徴を持つ個体が選別交配され、固定化されました。他でも偶発的に似たような表現の個体が出現することはありますが、ここで紹介する「5band」は『COCKTAIL SHOP』で固定化されたラインモルフ(CK LINE)の個体です。

「5band」のパターン

第5世代CK LINEタンジェリンアメルの5band

第3～4世代CK LINEタンジェリンアメルの5band

第6世代ノーマル5band

5bandのノーマル（左）とCK LINEのタンジェリンアメル（右）

「5band」の遺伝

　5本のバンド模様は遺伝することが確認されていて、誕生から数えて第4～5世代あたりから個体数を増やすべく、一気に繁殖数を増やしました。2024年9月時点では、2025年以降に市場に出せるように準備を進めているとのことです。現在は他のモルフとの交配はまったく進められていなくて、「ノーマル」（76ページ）とCK LINEの「タンジェリンアメル」（82ページ）においてのみ「5band」の繁殖が進められています。将来的には『COCKTAIL SHOP』にて、他のすべての既存のモルフに対して「5band」の特徴を持つ個体を作出予定とのこと。進化する「5band」に期待が膨らみます。

　自宅で「5band」を作出するには、まず『COCKTAIL SHOP』の「5band」の個体を購入して、同じ「5band」同士を交配するのが基本です。ラインモルフのため、他のモルフとの組み合わせは避けたいところです。

05 コンボモルフ

　ここからは「コンボモルフ」を紹介します。
　コンボモルフは「複合モルフ」ともいわれます。その呼び名が示すように**複数のモルフを交配して生まれた、複数の特徴を合わせ持つモルフです**。両親が同じモルフから生まれた個体でも個体差で表現（色や模様）にかなりの大きな幅があります。同じ時期に生まれた兄弟でも外見が大きく異なることがあり、それが繁殖の大きな魅力となっています。ここでは同じモルフでもいろいろなパターンを掲載しているものもあり、その違いを見比べるのもおもしろいでしょう。

コンボモルフの呼び名

　コンボモルフのモルフ名は基本的にはベースとなるシングルモルフのモルフ名を組み合わせたものです。例えばWOオレオはWOとオレオから作出されたものです。なお、ここで紹介しているモルフは2024年9月時点での情報で、今後大きく前提が変わったり、呼び方が変化する可能性があります。

コンボモルフ

※WO＝ホワイトアウト

WOオレオ

WOオレオ
（左と同じ個体の別アングル）

WOオレオ／ストライプ

WOオレオ／ストライプ
（左と同じ個体の別アングル）

WOオレオ

WOオレオ
（左と同じ個体の別アングル）

コンボモルフ

※WO＝ホワイトアウト

WOパターンレス／ストライプ／ベビー

WOパターンレス

WOオレオパターンレス

WOオレオパターンレス／ストライプ

WOオレオパターンレス／ベビー

WOオレオパターンレス／ストライプ／ベビー

コンボモルフ

※WO=ホワイトアウト、スノー=キャラメルオレオ

オレオパターンレス

オレオパターンレス(clear type)／ベビー

オレオパターンレス／ベビー

オレオパターンレス／ストライプ

オレオパターンレス／ストライプ

オレオパターンレス／ストライプ／ベビー

キャラメルパターンレス／ストライプ

キャラメルパターンレス／ストライプ(左と同じ個体の別アングル)

スノーパターンレス／ストライプ

アメルパターンレス(CK LINE)

WOアメルパターンレス／ストライプ

WOアメルパターンレス／ストライプ(左と同じ個体の別アングル)

コンボモルフ

※WO=ホワイトアウト

アメルオレオ／ベビー

アメルオレオ／ベビー(左と同じ個体の別アングル)

アメルオレオ

アメルオレオパターンレス

WOアメルオレオ

WOアメルオレオ(左と同じ個体の別アングル)

コンボモルフ

※WO=ホワイトアウト、スノー=キャラメルオレオ

WOアメル

WOアメル／ストライプ

WOアメル／ベビー

スノー

スノー（左と同じ個体の別アングル）

スノー／ベビー

WOスノー

WOスノー

WOキャラメル

WOキャラメル

WOアメルオレオ

WOアメルオレオパターンレス

コンボモルフ

オレオズールー

オレオズールー(左と同じ個体の別アングル)

オレオズールー(模様が離れているパターン)

オレオズールー(模様がまっすぐ繋がっているパターン)

オレオズールー／ベビー

オレオズールー／ストライプ／ベビー

コンボモルフ

※WO=ホワイトアウト、スノー=キャラメルオレオ

アメルズールー

アメルズールー（左と同じ個体の別アングル）

アメルズールー（模様がまっすぐ繋がっているパターン）

アメルズールー（ゼロのようなパターン）／ベビー

WOアメルズールー

キャラメルズールー

キャラメルズールー（ゼロのようなパターン）

キャラメルズールー（ゼロのようなパターン）／ベビー

WOキャラメルズールー

WOキャラメルズールー（右上と同じ個体の別アングル）

スノーズールー

スノーズールー（左と同じ個体の別アングル）

コンボモルフ

※WO＝ホワイトアウト、スノー＝キャラメルオレオ

スノーズールー

スノーズールー（左と同じ個体の別アングル）

WOズールー

WOズールー（左と同じ個体の別アングル）

WOズールー／ベビー

WOズールー／ベビー（左と同じ個体の別アングル）

コンボモルフ

※WO＝ホワイトアウト、スノー＝キャラメルオレオ

WOスノーズールー

WOスノーズールー／ベビー

WOズールー／ベビー

WOズールー（右上と同じ個体の別アングル）／ベビー

WOオレオズールー／ベビー

WOオレオズールー（左と同じ個体の別アングル）／ベビー

WOオレオズールー／ベビー

WOオレオズールー（左と同じ個体の別アングル）／ベビー

WOオレオズールー／ベビー

WOオレオズールー（右上と同じ個体の別アングル）／ベビー

WOオレオズールー／ベビー

WOオレオズールー（左と同じ個体の別アングル）／ベビー

コンボモルフ

※WO＝ホワイトアウト

WOゴースト

WOゴースト（左と同じ個体の別アングル）

WOゴースト

WOゴースト（左と同じ個体の別アングル）

WOゴースト／ストライプ

WOゴースト／ストライプ（左と同じ個体の別アングル）

コンボモルフ

※WO=ホワイトアウト、
パープルヘイズ=ゴーストオレオパターンレス

WOゴースト／ストライプ

WOゴースト／ストライプ（左と同じ個体の別アングル）

WOゴースト／ベビー

ゴーストオレオ

ゴーストオレオ／ベビー

ゴーストオレオ／ストライプ／ベビー

ゴーストパターンレス／ストライプ

ゴーストパターンレス／ベビー

ゴーストパターンレス／ベビー

パープルヘイズ／ストライプ

パープルヘイズ／ストライプ／ベビー

パープルヘイズ／ベビー

第5章 遺伝と様々なモルフ［コンボモルフ］

コンボモルフ

※WO＝ホワイトアウト

WOゴーストオレオパターンレス／ストライプ

WOゴーストオレオパターンレス／ストライプ（左と同じ個体の別アングル）

WOゴーストパターンレス

WOゴーストパターンレス

WOゴーストオレオ（アベラント表現）

WOゴーストオレオ（アベラント表現／左と同じ個体の別アングル）

コンボモルフ

※WO=ホワイトアウト

WOゴーストオレオ／ベビー

WOゴーストオレオ／ベビー

WOゴーストアメル／ストライプ／ベビー

ゴーストキャラメル／ベビー

WOゴーストキャラメル／ベビー

ゴーストキャラメルパターンレス／ストライプ

ゴーストズールー

ゴーストズールー（左と同じ個体の別アングル）

ゴーストズールー

ゴーストズールー（右上と同じ個体の別アングル）

ゴーストズールー／ベビー

ゴーストズールー／ベビー（左と同じ個体の別アングル）

コンボモルフ

※WO=ホワイトアウト、スノー=キャラメルオレオ

WOゴーストズールー

WOゴーストズールー（左と同じ個体の別アングル）

WOゴーストズールー

WOゴーストズールー（左と同じ個体の別アングル）

ゴーストスノーズールー／ベビー

ゴーストスノーズールー／ベビー（左と同じ個体の別アングル）

コンボモルフ

※WO＝ホワイトアウト

WOゴーストズールー

WOゴーストズールー（左と同じ個体の別アングル）

ゴーストオレオズールー

ゴーストオレオズールー（右上と同じ個体の別アングル）

ゴーストオレオズールー／ストライプ

WOゴーストオレオズールー

WOゴーストオレオズールー／ストライプ／ベビー

WOゴーストオレオズールー／ストライプ／ベビー（左と同じ個体の別アングル）

ゴーストキャラメルズールー／ベビー

ゴーストキャラメルズールー／ベビー（右上と同じ個体の別アングル）

ゴーストキャラメルズールー／ベビー

ゴーストキャラメルズールー／ベビー

コンボモルフ

※WO=ホワイトアウト、ラキビノ=キャラメルアメル、
ラキビオ=キャラメルアメルオレオ

ラキビノ

ラキビノ（オレンジ色が濃い個体）

WOラキビノ

WOラキビノズールー／ベビー

ラキビオ

ラキビオ（左と同じ個体の別アングル）

コンボモルフ

※WO=ホワイトアウト、ラキビノ=キャラメルアメル、ラキビオ=キャラメルアメルオレオ

ラキビノ(黄色のパターン)

WOラキビノ

WOラキビノ／ストライプ

WOラキビノ／ストライプ

ラキビノズールー

ラキビノズールー(白抜けの割合が多いパターン)

ラキビノズールー／ストライプ

WOゴーストラキビノズールー

WOゴーストラキビノパターンレス

ラキビオ／ベビー

WOラキビオ

ゴーストラキビオパターンレス／ベビー

コンボモルフ

※WO=ホワイトアウト

WOオレオゼロ

WOオレオゼロ（左と同じ個体の別アングル）

キャラメルゼロ

キャラメルゼロ（左と同じ個体の別アングル）

ゴーストオレオゼロ

ゴーストオレオゼロ（左と同じ個体の別アングル）

コンボモルフ

※WO＝ホワイトアウト、スノー＝キャラメルオレオ

オレオゼロ

オレオゼロ（左と同じ個体の別アングル）

WOゼロ

タンジェリンゴーストゼロ

アメルゼロ（CK LINE）

アメルゼロ／ベビー

スノーゼロ

スノーゼロ（左と同じ個体の別アングル

キャラメルゼロ（CK LINE）

WOスーパーゼロ／ベビー

スーパーゼロオレオ

スーパースティンガーオレオズールー

第5章 遺伝と様々なモルフ［コンボモルフ］

123

Special Contents 【特別企画】

COCKTAIL SHOP × RAF ちゃんねる

　『COCKTAIL SHOP』は、ニシアフを中心にヤモリを取り扱うブリーディングショップです。ワールドファーストに当たる独自のLINEや新しい組み合わせのモルフを毎年、作出しており、ニシアフにおける世界のトップランカーといえる存在で、日本にもたくさんのニシアフを輸出しています。

　そのような最先端の施設では、ニシアフをどのように育てているのでしょうか。

　『COCKTAIL SHOP』の共同代表の一人・クォン・チュルウンさんにお話を伺いました。

取材・文・写真／RAFちゃんねる 有馬

Collaborators 【特別ゲスト】

韓国にある『COCKTAIL SHOP』の店舗の外観

COCKTAIL SHOP（カクテルショップ）

　ニシアフへの情熱で結ばれた『COCKTAIL SHOP』は、2012年の開業以来、長い準備期間を経て、新しいモルフの繁殖と卸売・小売販売を開始。現在は日本を含む、世界の国々に様々なモルフのニシアフを輸出している。10年以上にわたり協力し合い、それぞれの強みを活かした体系的な管理システムにより、韓国国内でも確固たる爬虫類グループとして認められている。

Collaborators' Comment 【特別ゲストのご挨拶】

【向かって左から】クォン・チュルウン、キム・ジョンラク、イム・ソンギュ（※共同代表）

　私ども『COCKTAIL SHOP』は、2012年に1ペアのニシアフの飼育からスタートしました。2013年からは、チーム体制で本格的に繁殖に取り組み、現在では実店舗を構えながら、新たなモルフの作出に努めています。また、慎重に選別した2,000匹以上の健康で美しいニシアフを毎年生産し、その魅力を韓国や日本を中心に世界中に発信しています。

　私たちは、ニシアフのすべてのモルフを飼育・管理しており、より鮮やかな色彩、より美しい見た目の個体の作出を目指しています。

　各系統の特長を活かしつつ、近親交配を避けるために慎重に管理し、長期間にわたり最良の状態を維持できる個体を育てています。

　その努力が実を結んだのでしょう。ありがたいことに、『COCKTAIL SHOP』のニシアフは国内外で高い評価をいただいています。

　『COCKTAIL SHOP』のメンバーは、ニシアフという小さなヤモリに情熱を注ぎ、夜を徹して管理や研究に取り組んできました。たとえ同じモルフでも、豊かで多彩な色柄を持つ個体を作り出すことに尽力しています。

　今後も、『COCKTAIL SHOP』は新しい見た目のニシアフを固定化し、皆様のお手元に届けられるよう、さらに専門性を追求し、努力を重ねてまいります。

特別企画　COCKTAIL SHOP×RAF ちゃんねる

Q. 数ある爬虫類の中で、なぜ『COCKTAIL SHOP』はニシアフに注目したのでしょうか？

A. いくつか理由はありますが、最大の理由はやはりニシアフの魅力に惹かれたことです。

学生時代に育てた思い出があり、年を重ねてもその記憶が色あせることなく、再び心に浮かんできたのがニシアフでした。

私が初めて育てた頃は、爬虫類愛好家の間でもニシアフの存在はまだあまり知られていませんでした。当時はそれほど人気のある種ではなかったのですが、時間が経つにつれて、きっと多くの人がこの魅力的な種を好きになると確信

本書監修・RAFちゃんねる有馬が初めて『COCKTAIL SHOP』を訪れた際に撮影した写真【向かって左から】有馬/クォン・チュルウン/キム・ジョンラク

していました。そのため、迷うことなく、今日までニシアフを育て、繁殖させてきました。

私は特別な才能があったわけでもなく、また、恵まれた環境が整っていたわけでもなかったので、安定したスタートを切ることはできませんでした。ここまでくるのは本当に大変で、メンタル的に挫折しそうになったこともありましたが、たとえ時間を戻して他の生き物を選べたとしても、私は迷わずニシアフを選ぶと思います。

Q. 以前、私がお店を訪れた際、大量の卵の殻が置いてあったのが非常に印象的でした。『COCKTAIL SHOP』は毎年、世界にニシアフを輸出していると思いますが、年に何匹ほどのベビーが生まれているのですか？

A. 初めての繁殖では、たった1匹しか孵化しなかったのは今ではよい経験だったと思っています。それ以降、毎年努力を重ねて数を増やし、現在では年に最低でも2,000匹、最大で2,800匹の美しいベビーを孵化させています。

実は私たちはこれまで、毎年どれくらいのニシアフのベビーを孵化させているかを公表してきませんでした。数を増やすことは簡単ですし、それをアピールすることも容易です。でも、私たちはできるだけすべてのベビーを健康に育てる責任感を持って

いて、1匹1匹をベストな状態で、心を込めて育てることが非常に大変な作業であることを知っています。そのため、数を優先するのではなく、育て上げる質を重視しているので、数に執着はしていません。

私たちは、自らの限界を見極めながら、少しずつ規模を広げてきました。その結果、現在のように、しっかりとした数を余裕をもって育て上げることができるようになったのだと思います。

毎年の繁殖数は、その時のメンバーの状況に合わせて調整し、常に初心を忘れることなくブリーディングに取り組んでいます。

『COCKTAIL SHOP』で孵化した卵の殻。こちらでは、ほぼ同時期にこれだけたくさんのベビーが生まれる

Q. 「キャラメル」と「ゴースト」のメスは繁殖には向いていないそうですが、『COCKTAIL SHOP』でも同じ認識ですか？ 実際に「キャラメル」同士や「ゴースト」同士で交配を試みることはありますか？

A. 私たちも、「キャラメル」と「ゴースト」のメスは繁殖目的よりも、ペットとして丁寧に育ててくださるお客様におすすめしています。

　引き続き、繁殖可能な血統を見つけるために検証を進めていきますが、一般の方が繁殖を希望される場合には、おすすめできない組み合わせです。

慎重に交配を重ねられたモルフの個体の誕生のシーン。モルフはWOアメルゴーストオレオパターンレス

Q. 繁殖のポイントの一つであるクーリングについて、ニシアフのスイッチがしっかり入るコツはどのようにお考えですか？

A. 実は私たちはニシアフに対してクーリングを行っていません。もちろん、クーリングを行うことで繁殖のタイミングを合わせることも可能ですが、生体は本能的に繁殖の時期が来たことを感じ取りますし、私たちはそれを見逃しません。

　感覚的には、冷たい空気が暖かく変わる頃が、最適な時期だと考えています。

　過去には、人為的なクーリングによって繁殖サイクルが乱れたり、健康状態が悪化したりするなど、悪影響が生じたこともありました。

　そのため、現在のやり方に至っています。

『COCKTAIL SHOP』のエントランスの看板

エントランスは清潔な空間が広がっている

『COCKTAIL SHOP』の建物内のブリードルーム。国内で『COCKTAIL SHOP』が作出した個体を購入するには国内の『COCKTAIL SHOP』認定爬虫類ショップ(2024年9月現在では2店舗のみ)から購入することになる

Q. メスのクラッチ数、1シーズンに生む卵の数を増やすコツを教えていただけますか？

A. そちらは私たちのもとによく寄せられる質問です。でも驚くべきことに、私たちも特別なノウハウは持っていません。言えることとしては当たり前の話になってしまうのですが、母親に定期的にしっかりカルシウムのサプリメントを添加した餌を与え、1日に一度以上、様子を観察するだけです。日々しっかり育てること以外に、人為的にクラッチ数を増やす方法はないと思います。

『COCKTAIL SHOP』のLINE・「CK LINE」の「アメルゼロ」

Q. 今後、『COCKTAIL SHOP』はどのようなモルフを生み出していく予定でしょうか？

A. 今後の方向性としては、すべてのニシアフのコンボモルフを早い段階で作出することを目指しています。

その後、各モルフの強みをさらに強化し、新しい遺伝子の発見に集中する計画です。

実はまだ公開できない個体もいますが、努力を重ねて、日本のニシアフの愛好家の方々にお迎えいただけるよう、最高のニシアフを育てていきたいと思っています。

今後も『COCKTAIL SHOP』は世界中のニシアフの愛好家へ素晴らしいベビーをお届けし続けたいと考えています。本日は楽しい時間をありがとうございました。

『COCKTAIL SHOP』CBの「ラキビオ」。真っ白赤目で非常に美しい

【監修者】RAFちゃんねる 有馬

1990年8月13日生まれ。様々な仕事をしながら、爬虫類を中心とした生き物系YouTuberとして活動。王道種からマニアが唸るニッチな品種まで総勢300匹以上を飼育中。『爬虫類と両生類の暮らしを再現 ビバリウム 生息環境・品種別のつくり方と魅せるポイント』『飼いたい種類が見つかる 爬虫類・両生類図鑑 人気種から希少種まで厳選120種』（ともにメイツユニバーサルコンテンツ）も大好評発売中。本書が3冊目の監修となる。

YouTube『RAFちゃんねる』
Reptiles（爬虫類）、Amphibian（両生類）、Fish（魚類）の魅力をラフに発信中。
https://www.youtube.com/@raf_ch

■制作プロデュース：有限会社イー・プランニング
■編集・制作：小林 英史（編集工房水夢）、大泰司 由季
■撮影：RAFちゃんねる 有馬
■写真提供（50音順）：エキゾチックサプライ、加藤 卓也、かとうれいな、シンレプタイルズ、ファットテール、ファニーテール、bondroom、COCKTAIL SHOP、DEU Reptiles、DREXX、Revier（レヴィア）、USSI OSAKA
■イラスト：山本 しずる
■取材協力：COCKTAIL SHOP
■DTP/本文デザイン：松原卓（ドットテトラ）

ニシアフリカトカゲモドキ大全
飼育・繁殖の基本から多彩なモルフまでよくわかる

2024年10月10日　第1版・第1刷発行
2025年3月25日　第1版・第3刷発行

監　修	RAFちゃんねる 有馬（らふちゃんねる ありま）
発行者	株式会社メイツユニバーサルコンテンツ 代表者 大羽 孝志 〒102-0093 東京都千代田区平河町一丁目1-8
印　刷	シナノ印刷株式会社

◎『メイツ出版』は当社の商標です。

●本書の一部、あるいは全部を無断でコピーすることは、法律で認められた場合を除き、著作権の侵害となりますので禁止します。
●定価はカバーに表示してあります。

©イー・プランニング, 2024. ISBN978-4-7804-2953-4 C2077　Printed in Japan.

ご意見・ご感想はホームページから承っております。
ウェブサイト　https://www.mates-publishing.co.jp/

企画担当：千代 寧